Windkraftanlagen im Netzbetrieb

Von Dr.-Ing. Siegfried Heier
Universität Gesamthochschule Kassel

Mit 74 Bildern

B. G. Teubner Stuttgart 1994

Die Deutsche Bibliothek – CIP-Einheitsaufnahme

Heier, Siegfried:
Windkraftanlagen im Netzbetrieb / von Siegfried Heier. –
Stuttgart : Teubner, 1994
  ISBN 978-3-519-06171-7   ISBN 978-3-322-99936-8 (eBook)
  DOI 10.1007/978-3-322-99936-8

Gesamtherstellung: Präzis-Druck GmbH, Karlsruhe
Umschlaggrafik: Dipl. Des. Renate Rothkegel

Vorwort

Die Energieversorgung wird langfristig nur unter Einbindung erneuerbarer Ressourcen ökologisch verträglich gesichert werden können. Bei der Nutzung regenerativer Energien ist neben der bereits etablierten Wasserkraft die Windkraft technisch am weitesten vorangeschritten und dem wirtschaftlichen Durchbruch am nächsten. Ihr Einsatz wird sich - von wenigen Ausnahmen abgesehen - auf Elektrizitätsversorgungen konzentrieren. Eine zunehmend flächendeckende Einbindung von Windenergieanlagen in bereits gegebene oder neu aufzubauende Versorgungsstrukturen wird in windreichen Gebieten in erhöhtem Maße Integrationsprobleme aufwerfen und verstärkt verhaltensorientierte Anforderungen an Gesamtsysteme stellen. Für die Lösung dieser Aufgaben sind Kenntnisse sowohl über Anlagedetails als auch über das Zusammenspiel der Komponenten bzw. deren gegenseitige Beeinflussungen von großer Bedeutung.

Von der Windturbine ausgehend wird über das mechanisch-elektrische Energiewandlersystem bis zur Energieübergabe die Verhaltensweise der Komponenten im Hinblick auf ihr Zusammenwirken dargestellt. Darüber hinaus werden Möglichkeiten zur Nachbildung von Teilsystemen aufgezeigt, die es erlauben, in interessierenden Betriebsbereichen wie Teillast, Nennzustand, Kurzschluß o.a. mit Hilfe erheblicher Vereinfachungen und Abschätzungen wirklichkeitsnahe Ergebnisse zu erhalten.

Turbinenseitig bilden die Antriebsmomentbestimmung über ein geschlossenes Rechenverfahren und Eingriffe zur Leistungsregulierung mit den dabei auftretenden Momenten einen Schwerpunkt.

Bei der mechanisch-elektrischen Energiewandlung beschränken sich die Betrachtungen auf wesentliche Betriebsbereiche sowie auf statische und dynamische Drehmomente von Asynchron- und Synchrongeneratoren. Sie werden soweit möglich mit Messungen belegt. Hinweisen zu Auslegungsaspekten für Asynchrongeneratoren liegen umfangreiche Meßreihen von ausgewählten Maschinen zugrunde. Nicht einbezogen werden drehzahlvariable Generatorkonzeptionen wie z.B. Synchronmaschine mit Gleichstromzwischenkreis und am Netz arbeitendem Wechselrichter, da diese den Rahmen der Darstellungen gesprengt hätten.

Für die elektrische Energieübergabe wird der Netzschutz und mögliche Veränderungen durch die Anbindung von Windkraftanlagen andiskutiert. Netzeinwirkungen werden durch Meß- und Rechenergebnisse belegt und relativiert.

4

Zu Anlagenkonstruktionen und zum praktischen Betrieb geschaffene Bezüge durch
Auslegungs- und Kennwerte haben die Verwendbarkeit der Ergebnisse für Detail-
und Systembetrachtungen zum Ziel.

Abschließend werden Gesichtspunkte zur Regelung und Führung umrissen, die
Windkraftanlagen in ihrer Nutzung konventionellen Kraftwerken näher bringen.

Dieses Buch entstand im Rahmen meiner langjährigen Forschungs- und Entwick-
lungsarbeiten an der Universität Gesamthochschule Kassel im Fachgebiet Elektrische Energieversorgungssysteme des Instituts für Elektrische Energietechnik.
Mein besonderer Dank gilt dem Leiter, Herrn Professor Dr. Werner Kleinkauf.
Seine Anregungen und die fachlichen Diskussionen mit ihm haben die Darstellungen wesentlich mit geprägt. Bedanken möchte ich mich auch bei Herrn Professor
Dr. Bernd Weidemann und Herrn Professor Dr. Heinz Theuerkauf für die zahl-
reichen fachlichen Gespräche.

Die Mitarbeit und Unterstützung durch Herrn Dipl.-Ing. Michael Durstewitz,
Herrn Dipl.-Ing. Martin Hoppe-Kilpper, Herrn Dipl.-Ing. Martin Kraft, Herrn
Dipl.-Ing. Volker König, Herrn Thomas Dörrbecker, Frau M.A. Adelheid Weiß,
Frau Dipl.-Des. Renate Rothkegel und Frau Andrea Kuhfuß sowie zahllose Diskus-
sionen mit Herrn Dipl.-Ing. agr. Helwig Heidt, Verwaltungsbaudirektor i.R.,
haben wesentlich zum Gelingen der Arbeit beigetragen.

Kassel, im Dezember 1993   Siegfried Heier

1 Einleitung

Die Windenergie vermag aufgrund der vorhandenen Potentiale weltweit einen nennenswerten Anteil zur Elektrizitätserzeugung beizusteuern. Gute Zukunftsaussichten und wirtschaftlich günstige Erwartungen für die Windkraftnutzung sind allerdings an eine sinnvolle Einbindung des witterungsabhängigen Leistungsangebotes in bestehende Versorgungsstrukturen geknüpft.

Bei Wasser-, Gas- oder Dampfturbinen bzw. bei Dieselkraftwerken u.ä. kann die Energiezufuhr reguliert und den Verbraucherverhältnissen angeglichen werden. Das Wandlersystem einer Windenergieanlage ist dagegen äußeren Einwirkungen unterworfen. Diese können durch Windgeschwindigkeitsänderungen bei der Energiezufuhr oder infolge anlagenbedingter Gegebenheiten wie z.B. Strömungsstörungen im Turmbereich bzw. bei schwachen Netzen durch Lastvariationen auf der Verbraucherseite hervorgerufen werden.

Hauptkomponenten einer Windkraftanlage moderner Bauform sind der Turm, der Rotor und das Maschinenhaus mit den mechanischen Übertragungselementen und dem Generator sowie bei Horizontalachsenanlagen ein Windrichtungsnachführsystem. Schalt- und Schutzeinrichtungen sowie Leitungen, möglicherweise auch Transformatoren und Netze, sind zur Versorgung von Verbrauchern oder Speichern erforderlich. Eine Einheit zur Regelung und Betriebsführung hat entsprechend den Einwirkungen den Energiefluß im System an die Erfordernisse anzupassen.

Für die folgenden Untersuchungen, die vordergründig auf das mechanische Zusammenwirken von elektrischen Komponenten und auf die Eingriffe zur Leistungsangleichung ausgerichtet sind, können bei richtiger Auslegung die Einflüsse durch den Turm und die Windrichtungsnachführung separat betrachtet (Abschnitt 2.2.1) bzw. als Windgeschwindigkeitsänderung aufgefaßt werden. Dazu kann die nach Bild 1.1 gezeigte Wirkungskette als Grundlage für weitere Detailbetrachtungen dienen. Das Strukturdiagramm zeigt die Verknüpfung wesentlicher Systemkomponenten sowie ihnen zugeordnete Energiewandlungsstufen. Weiterhin läßt es die Möglichkeiten für Einwirkungen durch die Regelung und Betriebsführung erkennen. Darüber hinaus wird die zentrale Lage des Generators in der Wirkungskette besonders verdeutlicht.

In den folgenden Ausführungen sollen daher das System zur Windenergieumsetzung und die mechanisch-elektrische Energiewandlung durch Generatoren in ihrem physikalischen Verhalten dargestellt werden. Dabei erfolgen die Betrachtungen besonders im Hinblick auf die

- Behandlung der mechanischen Momente im Triebstrang bei Anbindung des Generators an das Netz, die
- Auslegung von geeigneten Generatoren für Windkraftanlagen, das
- Zusammenwirken von Windkraftanlagen und Versorgungsnetzen sowie schließlich die
- Regelung von Windkraftanlagen im (Insel- und) Netzbetrieb unter Berücksichtigung der Netz- und Verbraucherzustände.

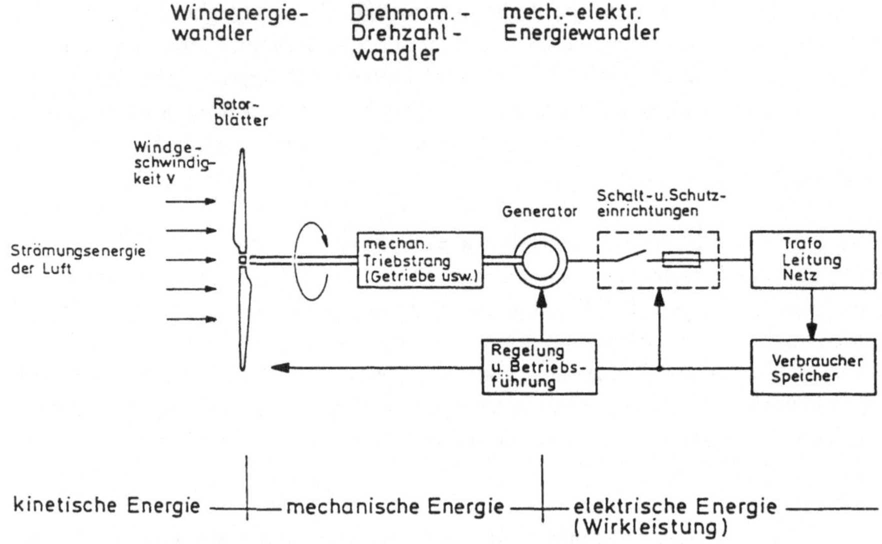

Bild 1.1: Wirkungskette und Umwandlungsstufen einer Windenergieanlage

Aus Bild 1.1 können Funktionsstrukturen für Gesamtsysteme zur elektrischen Energieversorgung mit Windkraftanlagen weiterentwickelt oder für spezielle Windenergiekonverter nach Bild 1.2.a und b abgeleitet werden. Mit Hilfe dieser vereinfachten Blockdiagramme lassen sich die Wirkungsweise sowie die funktionellen Zusammenhänge der Hauptkomponenten von Horizontalachsen-Konvertern für blatteinstellwinkel- und stallgeregelte Ausführungen charakterisieren.

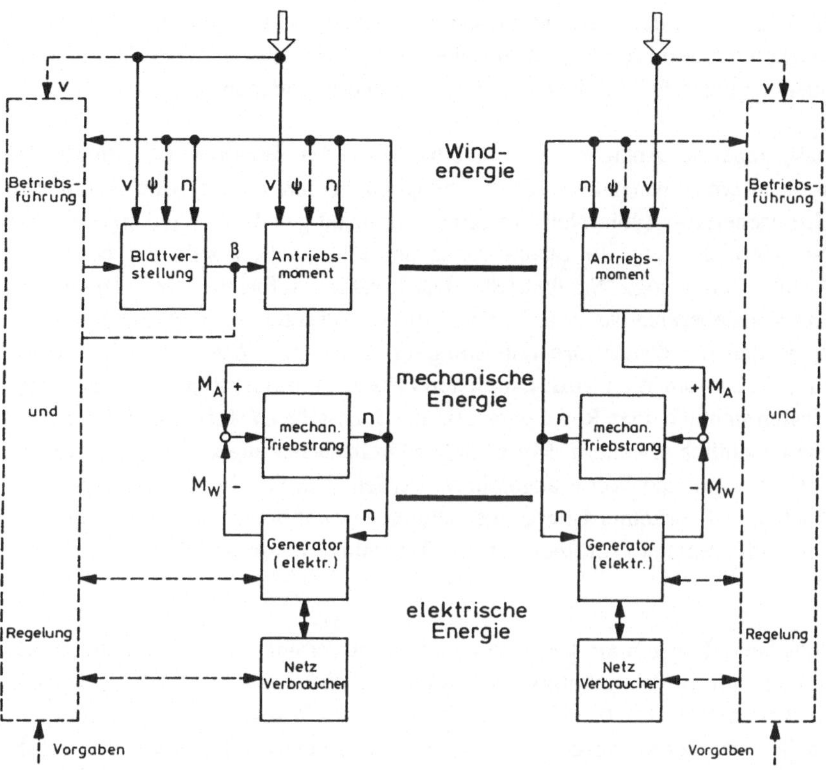

a) Blatteinstellwinkelregelung   b) Stallregelung

Bild 1.2: Funktionsstrukturen von Windenergieanlagen

- M_A Antriebsmoment des Windrades   - n Drehzahl des Rotors
- M_W Widerstandsmoment des Generators - v Windgeschwindigkeit
- ψ Stellung des Rotors   - β Rotorblatteinstellwinkel

Windkraftanlagen mit Blattverstellung (Bild 1.2.a) erlauben direkte Eingriffe an der Turbine. Durch Veränderung der Blattstellung kann entsprechend Bild 2.1.5 die Leistungsaufnahme bzw. das Antriebsmoment des Windrades beeinflußt werden. Damit läßt sich die Rotordrehzahl, die durch Integration der Differenz zwischen Turbinenantriebs- und Generatorwiderstandsmoment unter Berücksichtigung der rotierenden Massen (bzw. der mechanischen Zeitkonstante) bestimmt wird, in allen Leistungsbereichen beeinflussen - sofern genügend großes Energieangebot vorherrscht. Die Blatteinstellwinkelregelung einer Windkraftanlage ermöglicht also stets die Begrenzung der Leistungsaufnahme. Sie kann somit eine Anpassung an die Verbrauchererfordernisse (z.B. im Inselbetrieb) gewährleisten. Weiterhin kann sie bei hohen Windgeschwindigkeiten zur Sturmsicherung dienen.

Bei stallgeregelten Anlagen (Bild 1.2.b) wird das Windrad i.a. durch das Lastmoment eines nahezu netzstarr gekoppelten, meist groß dimensionierten Asynchrongenerators (vom Netz) in seiner Drehzahl gehalten. Windangebot über dem Nennbereich bringt die Strömung an den Rotorblättern teilweise oder ganz zum Abriß - in den sog. "Stallbetrieb". Die Leistungsaufnahme der Turbine wird somit im Vollastbereich passiv (d.h. durch die Konstruktion bedingt) auf Werte begrenzt, so daß die Generatornennleistung im zulässigen Windgeschwindigkeitsbereich nicht überschritten wird. Durch den Einsatz drehzahlvariabler Generatorsysteme lassen sich in beiden Regelungsvarianten Laststöße abbauen und die Betriebsbereiche wesentlich erweitern. Mit gezielter Drehzahlstellung können z.B. weitgehend leistungsoptimale Werte angefahren werden. Darüber hinaus läßt sich, falls die Abnahme z.T. erhöhter Übergangsleistungen gewährleistet wird, das Antriebsmoment stallgeregelter Turbinen durch Drehzahlvariation am Generator beeinflussen.

Für Detailbetrachtungen am Generator und damit verbundenen Überlegungen zur Anlagenregelung ist die Kenntnis der physikalischen Vorgänge und die Erfassung der mathematischen Gesetzmäßigkeiten im gesamten Wandlersystem erforderlich. Diese sollen - soweit notwendig - im folgenden charakterisiert werden. Weiterführende Betrachtungen erwiesen sich im Hinblick auf das Zusammenwirken von Windkraftanlagen mit bestehenden Versorgungsnetzen und die dafür vorauszusetzenden regelungstechnischen Maßnahmen am gesamten Versorgungssystem als erforderlich. In der hier vorliegenden Arbeit werden die Ergebnisse langjähriger F+E-Aktivitäten zusammengefaßt. Durch praktischen Bezug zu ausgeführten Projekten wird besonderer Wert auf die Verwendbarkeit der Resultate bei Entwurf und Auslegung von Anlagen gelegt.

2 System zur Windenergiewandlung

Eine Windkraftanlage kann nach Bild 1.1 durch ihre Rotorblätter der bewegten Luft einen Teil der Strömungsenergie entziehen, in Rotationsenergie umwandeln, über den mechanischen Triebstrang (Wellen, Kupplungen und Getriebe) dem Läufer des Generators zuführen und durch mechanisch-elektrische Konversion auf den Stator übertragen. Dem Generator entnommene elektrische Energie läßt sich über Schalt- und Schutzeinrichtungen sowie über Leitungen und eventuell erforderliche Transformatoren dem Netz bzw. den Verbrauchern oder einem Speicher zuführen. Bei der weiterführenden Behandlung der relevanten Systemkomponenten muß Eingriffen zur Leistungsbegrenzung am Windrad sowie Rückwirkungen von der Übertragungskette auf die Turbine besondere Bedeutung beigemessen werden.

2.1 Antriebsmoment am Windrad

Moderne Windturbinen zur Stromerzeugung haben im Gegensatz zu Windmühlen der vorigen Jahrhunderte relativ schnellaufende Rotoren. Wenige, den Auftrieb nutzende Blätter mit Profilen hoher Gleitzahl erreichen wesentlich günstigere Nutzungsgrade als Widerstandsläufer. Sie ermöglichen weiterhin schnelle Eingriffe zur Veränderung der Windradleistung. Derart konzipierte Anlagen können also bei genügend großem Windangebot kraftwerksähnliche Betriebsbedingungen erlangen.

Um das Betriebsverhalten einer Windkraftanlage zu untersuchen, sind von den Einwirkungsgrößen an der Turbine ausgehend die Kräfte an den Rotorblättern bzw. an deren Teilbereichen zu ermitteln und daraus resultierende Antriebsmomente sowie entsprechende Leistungen zu bestimmen.

2.1.1 Ein- und Ausgangsgrößen einer Windturbine

Zur Nachbildung des Leistungs- bzw. Drehmomentverhaltens einer Windturbine kann der Block "Antriebsmoment" in Bild 1.2.a als Struktur der relevanten Ein- und Ausgangsgrößen entsprechend Bild 2.1.1 dargestellt werden. Dabei läßt sich untergliedern in die

- unabhängige Eingangsgröße "Windgeschwindigkeit", die für die Energiezufuhr maßgebend ist, aber gleichzeitig auch Störgrößencharakter hat, in
- anlagenspezifische Eingangsgrößen, die insbesondere die Geometrie der Rotorblätter und der Rotoranordnung beinhalten sowie in die

- Zustandsgrößen "Turbinendrehzahl", "Rotorblattstellung" und "Blatteinstellwinkel", die sich aufgrund des Übertragungssystems der gesamten
  Windkraftanlage ergeben und mit deren Hilfe die
- Ausgangsgröße der Turbine, die "Leistung" bzw. das "Drehmoment",
  gezielt beeinflußt werden kann.

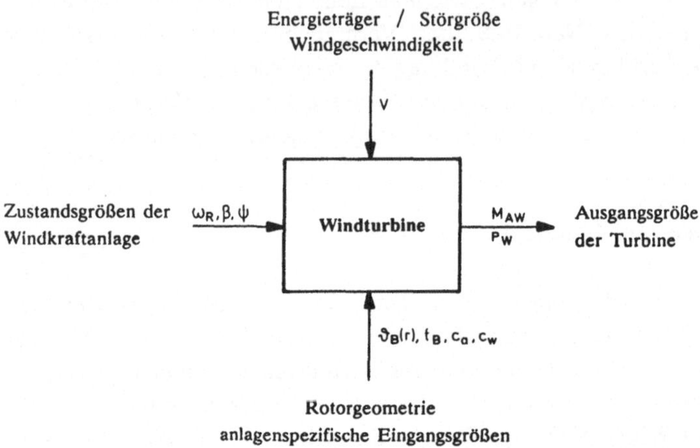

Bild 2.1.1: Ein- und Ausgangsgrößen einer Windturbine

Die Leistungs- bzw. Drehmomentwerte einer Windturbine lassen sich mit Hilfe
verschiedener Ansätze bestimmen. Größte Bedeutung konnten dabei Methoden
erlangen, die axiale und radiale Impulse in der Luftströmung bzw. in Strömungs-
röhren (unendlich) kleiner Dicke auf die Rotorblätter bzw. deren Teilelemente
übertragen und somit eine Bestimmung der örtlichen Strömungsverhältnisse mit den
dabei hervorgerufenen Kraft- bzw. Momenteneinwirkungen auf die Turbinenblätter
ermöglichen. Hierauf wird im folgendem kurz eingegangen. Berechnungen, die von
Zirkulations- und Wirbelverteilungen über Tragflügeln ausgehen [2.1] und Lö-
sungsansätze nach Biot-Savart erlauben, sollen hier nicht in Betracht gezogen
werden.

2.1.2 Leistungsentzug aus der Luftströmung

Windturbinen können im Wirkungsbereich ihres Rotors durch Energieaufnahme die
Geschwindigkeit des Luftmassenstroms beeinflussen. Dem momentanen Übertra-
gungszustand entsprechend stellt sich bei freiumströmten Konvertern ein Verlauf

nach Bild 2.1.2 ein, bei dem die Windgeschwindigkeit durch die Turbine in axialer Richtung verzögert und in tangentialer Richtung entgegen der Rotordrehung abgelenkt wird.

Dem Luftvolumenelement V_L mit einem Querschnitt A_1 und einer drallfreien Bewegung der Geschwindigkeit v_1 weit vor dem Windrad kann nach [2.2] und [2.3] durch Verzögerung seiner Geschwindigkeit auf v_3 hinter der Turbine bei entsprechender Aufweitung der Durchtrittsfläche auf A_3 die Energie

$$W_W \;=\; V_L \,\frac{\rho}{2}\,(v_1^2 - v_3^3) \tag{2.1.1}$$

entzogen werden.

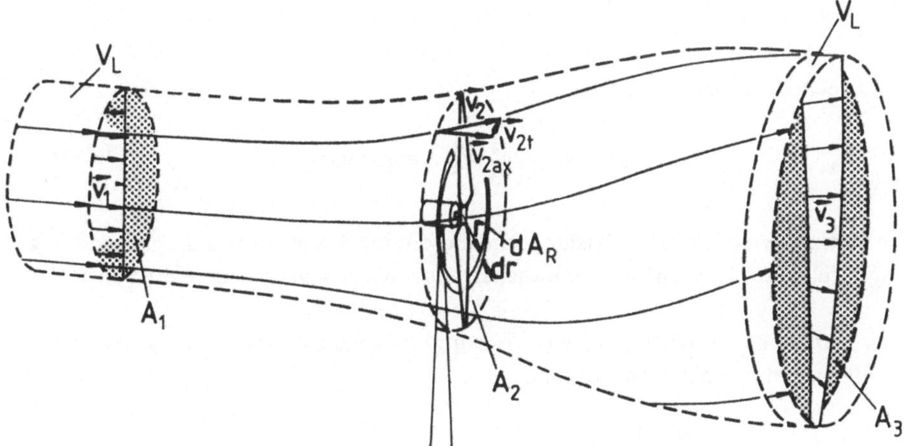

Bild 2.1.2: Luftströmung am Windrad

Die Windradleistung wird demnach

$$P_W \;=\; \frac{dW_W}{dt} \;=\; \frac{d\!\left(V_L\,\frac{\rho}{2}\,(v_1^2 - v_3^2)\right)}{dt}\;. \tag{2.1.2}$$

Mit dem Luftvolumendurchsatz in der Windradfläche ($A_2 = A_R$)

$$\frac{dV_L}{dt} \;=\; A_R\,v_2 \tag{2.1.3}$$

14

ergibt sich im quasistationären Zustand

$$P_W = A_R \frac{\rho}{2} (v_1^2 - v_3^2) v_2 \ .$$
(2.1.4)

Die Leistungsaufnahme und die Betriebszustände einer Turbine werden also durch die wirksame Fläche A_R sowie durch die Windgeschwindigkeit und deren Verzögerung im Strömungsfeld des Rotors bestimmt. Somit kann die Windradleistung durch Variation der durchströmten Fläche und durch Änderung der Strömungszustände am Rotorsystem beeinflußt werden.

Der maximale Windradleistungswert nach Betz [2.2]

$$P_{W_{max}} = \frac{16}{27} A_R \frac{\rho}{2} v_1^3$$
(2.1.5)

wird rechnerisch erreicht, falls

$$v_2 = \frac{2}{3} v_1 \quad \text{und} \quad v_3 = \frac{1}{3} v_1 \quad \text{annehmen.}$$
(2.1.6)

Im Betriebsbereich bis Nennleistung wird diese Windgeschwindigkeitsverminderung angestrebt. Bei Leerlauf oder schwacher Last nähert sich v_2 dem Wert von v_1.

Das Verhältnis zwischen dem vom Windrad entzogenen Anteil P_W zu der in der Luftbewegung enthaltenen Leistung

$$P_0 = A_R \frac{\rho}{2} v_1^3 \ ,$$
(2.1.7)

bei störungsfreiem Turbinendurchfluß kennzeichnet den dimensionslosen Leistungsbeiwert

$$c_P = \frac{P_W}{P_0} \ .$$
(2.1.8)

Bei der oben gezeigten Darstellung wird davon ausgegangen, daß der axiale Luftmassentransport in die Röhre nur über die Stirnseite der Eintrittsfläche A_1 zur Austrittsfläche A_3 erfolgt. Detailliertere Betrachtungen an der Turbine bzw. an den Rotorblättern lassen sich mit Hilfe der modifizierten Blattelementtheorie durch Einführung eines radialen Gradienten der Windgeschwindigkeit und Einbezug des Luftströmungsdralls erreichen.

2.1.3 Leistungs- bzw. Antriebsmomentbestimmung nach der Blattelement-methode

Beim Übergang von der Kreisfläche zum Kreisring mit dem Radius r, der Dicke dr und der Kreisringfläche an der Windturbine

$$dA_R = 2 \pi r \, dr \qquad (2.1.9)$$

gilt im quasistationären Zustand für den Massenstrom $d\dot{m}$ vor, am und nach dem Rotor

$$d\dot{m}_1 = d\dot{m}_2 = d\dot{m}_3 \text{ bzw.} \qquad (2.1.10)$$

$$\rho \, dA_1 \, v_{1ax} = \rho \, dA_2 \, v_{2ax} = \rho \, dA_3 \, v_{3ax} \, . \qquad (2.1.11)$$

Die Kraft, die in axialer Richtung die Luft von v_{1ax} auf v_{3ax} abbremst, ergibt sich aus dem Impulsverlust zwischen Ein- und Austritt nach

$$d\dot{J}_{ax} = dF_{ax} = d\dot{m} \, (v_{1ax} - v_{3ax}) \, . \qquad (2.1.12)$$

In der Rotorebene kann mit dem Froude'schen Theorem

$$v_{2ax} = \frac{v_{1ax} + v_{3ax}}{2} \text{ bzw. } v_{1ax} - v_{3ax} = 2 \, (v_{1ax} - v_{2ax}) \qquad (2.1.13)$$

die Schubkraft der Luftröhre

$$dF_{ax} = 4 \pi \rho \, r \, dr \, v_{2ax} \, (v_{1ax} - v_{2ax}) \qquad (2.1.14)$$

als abhängige Größe von der zu bestimmenden axialen Windgeschwindigkeit am Rotor angegeben werden. In äquivalenter Weise läßt sich die Impulsänderung in tangentialer Richtung

$$d\dot{J}_t = v_{1t} \, d\dot{m}_1 - v_{3t} \, d\dot{m}_3 \qquad (2.1.15)$$

ermitteln. Bei drallfreiem Lufteintritt in die Stromröhre wirkt kein zusätzliches Moment auf die Luft. Die tangentiale Kraft, welche der Luft die Drallströmung aufprägt, wird somit

$$dF_t = d\dot{J}_t = - v_{3t} \, d\dot{m}_3 = - v_{2t} \, d\dot{m}_2 \qquad (2.1.16)$$

oder eingesetzt

$$dF_t = - 2 \pi \rho \, r \, dr \, v_{2t} \, v_{2ax} \, . \qquad (2.1.17)$$

Somit ist sie abhängig vom Radius sowie von der axialen und tangentialen Luftströmung an der Turbine.

Den Luftkräften nach Gl. (2.1.14) und (2.1.17) wirken gleichgroße Kräfte auf die Rotorblätter entgegen.

Aus Gründen der Übersichtlichkeit werden die physikalischen Vorgänge an einem Rotorblatt aufgezeigt. Mehrflügelanordnungen von schnellaufenden Windturbinen z.B. mit z = 2, 3, 4 auftriebsnutzenden Blättern lassen sich durch Erweiterung des Systems unter Berücksichtigung der Zustände an den einzelnen Blättern mit der z-fachen Blattiefe erfassen.

Je nach Blattradius ergeben sich aus Bild 2.1.2 entsprechend dem Blattwinkel nach Bild 2.1.3 unterschiedliche Strömungsverhältnisse am Profil.

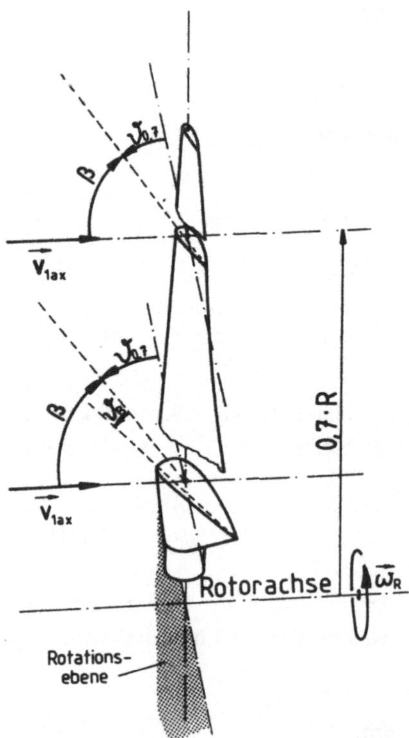

Bild 2.1.3: Definition des Blatteinstellwinkels

Das Zusammenwirken der Geschwindigkeitskomponenten und der resultierenden Kräfte werden in Bild 2.1.4 an einem Blattelement verdeutlicht. Gesamtwerte (Kräfte, Momente, Leistung) ergeben sich durch Integration der entsprechenden Teilgrößen über dem Blattradius bzw. durch Summation der Komponenten einzelner Blattabschnitte.

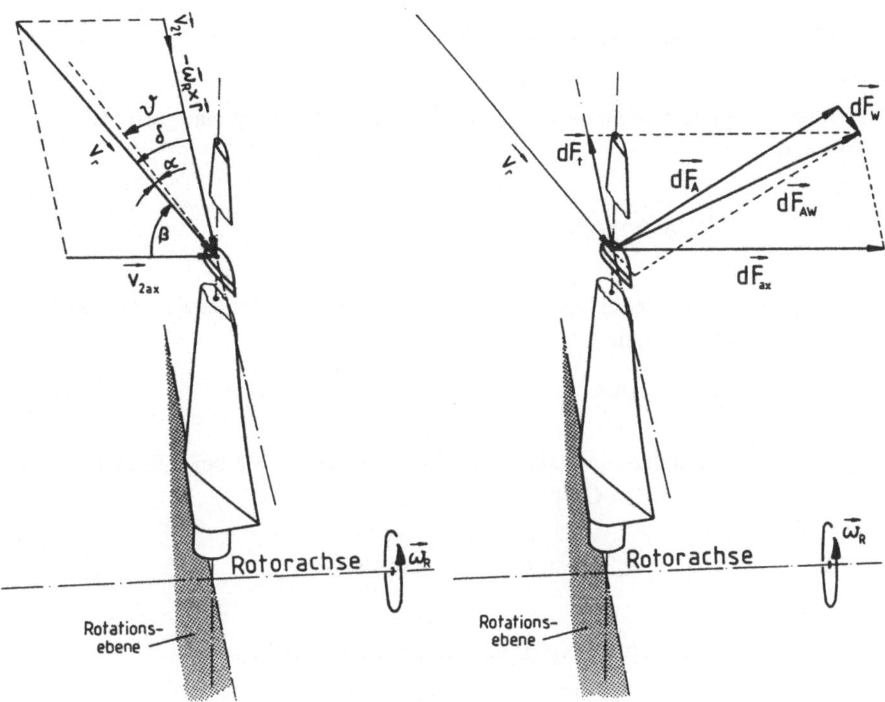

Bild 2.1.4: Anströmung und Kräfte am Rotorblattsegment

Das mit ω_R rotierende Blatt wird im betrachteten Blattsegment beim Radius r von der verzögerten Windgeschwindigkeit

$$\vec{v}_2 \quad = \quad \vec{v}_{2ax} + \vec{v}_{2t} \tag{2.1.18}$$

und einer von der Drehbewegung herrührenden Umfangsgröße

$$\vec{v}_u \quad = \quad - \vec{\omega}_R \times \vec{r} \tag{2.1.19}$$

angeströmt.

18

Unter Vernachlässigung des Konuswinkels wirkt in Richtung der resultierenden Geschwindigkeitskomponenten

$$v_r \quad = \quad \sqrt{v_{2ax}^2 + \left(\omega_R\, r + v_{2t}\right)^2} \qquad (2.1.20)$$

eine Widerstandskraft

$$dF_W \quad = \quad \frac{\rho}{2}\, t_B\, v_r^2\, c_w(\alpha)\, dr \qquad (2.1.21)$$

der Blattbewegung hemmend entgegen, während ein orthogonal gerichteter Auftriebswert

$$dF_A \quad = \quad \frac{\rho}{2}\, t_B\, v_r^2\, c_a(\alpha)\, dr \qquad (2.1.22)$$

eine Vortriebskomponente besitzt. Aus Auftriebs- und Widerstandsanteil resultiert die Kraft am Blattelement

$$d\vec{F}_{AW} \quad = \quad d\vec{F}_A + d\vec{F}_W \quad . \qquad (2.1.23)$$

Ihre Zerlegung in axiale und tangentiale Komponenten führt bei z Blättern zu der antriebsmomentbildenden Größe

$$dF_t \quad = \quad z\, \frac{\rho}{2}\, t_B\, v_r^2\, \left(c_a\, \sin\delta - c_w\, \cos\delta\right)\, dr \qquad (2.1.24)$$

und einem Rotorblatt sowie Nabe belastenden axialen Schubwert

$$dF_{ax} \quad = \quad z\, \frac{\rho}{2}\, t_B\, v_r^2\, \left(c_a\, \cos\delta - c_w\, \sin\delta\right)\, dr \quad . \qquad (2.1.25)$$

Diese Kräfte sind demnach bei den jeweiligen Wind- und Umfangsgeschwindigkeitswerten im wesentlichen abhängig vom

- Blatteinstellwinkel des Blattelementes ϑ zur Rotationsebene bzw. ß zur Rotorachse, von der
- örtlichen Profilanströmung α zwischen resultierender Windgeschwindigkeit und Profilsehne, vom
- Auftriebs- bzw. Widerstandsbeiwert (c_a, c_w) des Blattprofils, von der Reynoldzahl und der Rauhigkeit des Profils, die hier nicht näher betrachet werden sollen, ebenso wie Schräganströmung durch Konuswinkel u.ä.

Somit ergibt sich das Antriebsmoment der Windturbine

$$M_{AW} \; = \; \int\limits_{R_i}^{R_a} r \; dF_t \; = \; \int\limits_{R_i}^{R_a} r \; z \; \frac{\rho}{2} \; t_B \; v_r^2 \; (c_a \; \sin\delta \; - \; c_w \; \cos\delta) \; dr \quad . \qquad (2.1.26)$$

Um die Kräfte zu ermitteln, ist die örtliche Windgeschwindigkeit v_2 am Rotor bzw. ihre Verzögerung gegenüber v_1 zu bestimmen.

Durch Gleichsetzen der axialen und tangentialen Kräfte mit den entsprechenden Impulsverlustwerten lassen sich die Anteile v_{2ax} sowie v_{2t} bzw. die vektorielle Summe v_2 und somit die Anströmung am Rotor berechnen.

Randwirbelverluste, die hauptsächlich durch die Umströmung von Blattspitze und -wurzel entstehen und im Nachlauf des Rotors ein Wirbelfeld erzeugen, können durch Korrekturfaktoren für die Blattspitze [2.4] mit

$$F_S \; = \; \frac{2}{\pi} \; \arccos \; e^{-\frac{z}{2} \frac{1}{\sin\delta} \left(1 - \frac{r}{R_a} \right)} \qquad\qquad (2.1.27)$$

sowie für die Nabe durch

$$F_N \; = \; \frac{2}{\pi} \; \arccos \; e^{-\frac{z}{2} \frac{1}{\sin\delta} \left(\frac{r}{R_i} - 1 \right)} \qquad\qquad (2.1.28)$$

berücksichtigt werden. Durch das Produkt

$$F \; = \; F_S \, F_N \qquad\qquad (2.1.29)$$

werden die Auswirkungen der freien Randwirbel hinreichend genau beschrieben.

Bei sehr starker Windgeschwindigkeitsabminderung durch die Windturbine entsteht im Nachlauf der Anlage ein turbulentes Wirbelfeld (Turbulent-Wake-State) [2.5]. Mit diesem Zustand ist jedoch lediglich bei einigen Anlagen in der Nähe der Einschaltwindgeschwindigkeit in den äußeren Blattbereichen zu rechnen. Falls erforderlich, lassen sich unterschiedliche empirische Näherungen [2.5] und [2.6] verwenden.

2.1.4 Vereinfachung des Rechenverfahrens

Das oben aufgezeigte Berechnungsverfahren liefert sehr gute und praxisgerechte Ergebnisse. Der Rechenaufwand zur Bestimmung von Betriebszuständen der Turbine bzw. für Untersuchungen zum Verhalten von Windkraftanlagen ist jedoch enorm groß. Sehr stichhaltige Aussagen zum Betriebsverhalten lassen sich jedoch bereits mit Berechnungen erreichen, die Fehler im Prozentbereich aufweisen. Ziel weiterer Untersuchungen war es, das Berechnungsverfahren bei Einhaltung gewisser Fehlergrenzen wesentlich zu vereinfachen. Im Rahmen einer Diplomarbeit [2.7] wurden daher von o.g. Methode ausgehend verschiedene Berechnungsmöglichkeiten in Augenschein genommen, so daß trotz Reduzierung des Rechenaufwandes Ergebnisse mit vertretbaren Fehlergrenzen (z.B. 2,5 %) erzielt werden können. Dazu wurden am Beispiel von zwei unterschiedlich großen Windturbinen mit 12,5 m und 60 m Rotordurchmesser bei einer Unterteilung in 50 Blattsegmente das vollständige Verfahren und die gewählte Vereinfachung miteinander verglichen.

Die Untersuchungen haben folgendes gezeigt:

- Bei der Berechnung der verzögerten Windgeschwindigkeit v_2 an der Turbine können Dralleinflüsse vernachlässigt werden. Im Betriebsbereich der Anlage bleiben die Fehler gegenüber dem zuvor genannten Verfahren kleiner als 2,5 %.

- Bei der Schubkraftermittlung lassen sich unter Einhaltung ebenso niedriger Fehlergrenzen die Widerstandsanteile von Anlagen mit Blattverstellung vernachlässigen. Für stallgeregelte Turbinen ist dies noch zu untersuchen.

- Die Blattspitzen- und Nabenverluste können im selben Genauigkeitsbereich wie oben statt mit der iterativ zu bestimmenden Windgeschwindigkeit v_2 am Rotor durch die gegebene Windgeschwindigkeit v_1 weit vor der Turbine approximiert werden, um $\sin\delta$ bzw.

$$\frac{1}{\sin\delta} = \sqrt{1 + \left(\frac{v_u}{v_2}\right)^2} \approx \sqrt{1 + \left(\frac{v_u}{v_1}\right)^2} \approx \sqrt{1 + \left(\frac{\omega_R\, r}{v_{1ax}}\right)^2} \qquad (2.1.30)$$

zu ermitteln. Der Abminderungsfaktor ist somit im jeweiligen Betriebszustand für jedes Blattelement nur zu Beginn der Iteration einmal zu berechnen.

- Das Drehmoment kann, statt von 50 Blattsegmenten ausgehend und die
Teilmomente nach der Treppen-Regel

$$M_{AW} = \int_{R_i}^{R_a} dM_{AW} \approx \sum_{k=0}^{n} \Delta M_k \qquad (2.1.31)$$

aufzusummieren, durch Anwendung der Simpson-Regel

$$M_{AW} = \int_{R_i}^{R_a} dM_{AW} \approx \frac{R_i - R_a}{n} \left(\frac{dM_o}{dr} + 4 \frac{dM_1}{dr} + 2 \frac{dM_2}{dr} + \dots \right.$$
$$\left. \dots + 2 \frac{dM_{n-2}}{dr} + 4 \frac{dM_{n-1}}{dr} + \frac{dM_n}{dr} \right) \qquad (2.1.32)$$

bei etwa gleicher Genauigkeit entsprechend schneller mit Hilfe von nur

$$n = 2 m = 20 \qquad (2.1.33)$$

Teilbereichen, d.h. an 21 Stützstellen bestimmt werden. Dabei sind aufgrund der Umströmung von Blattspitze und -wurzel die Randwerte

$$dM_0 = dM_n = 0 \quad . \qquad (2.1.34)$$

Von diesen Vereinfachungen ausgehend, läßt sich eine erhebliche Verminderung
der Rechenzeit auf ca. 1 % erreichen durch

- Reihenentwicklung der transzendenten arctan- und Wurzelfunktionen und
- Approximation der Profilpolaren $c_A = f(\alpha)$ in Form eines Polynoms
  jeweils bis zur dritten Potenz sowie der
- Lösung der hieraus resultierenden kubischen Gleichung zur Bestimmung
  der Windgeschwindigkeit v_{2ax} an der Turbine mit Hilfe der cardanischen
  Formel. Zeitaufwendige Iterationsverfahren erübrigen sich dadurch.

Die Ergebnisse lassen sich anhand der üblichen c_p-λ- Kennfelder nach
Bild 2.1.5.a, b darstellen.

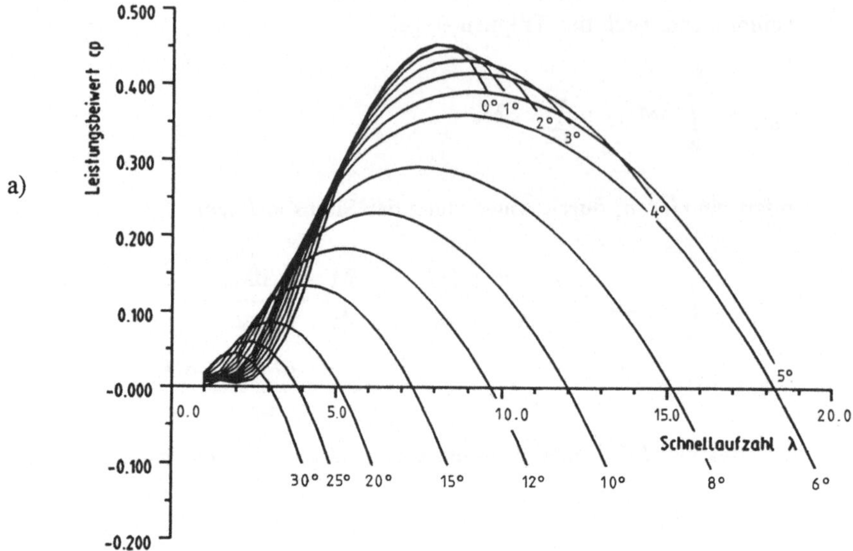

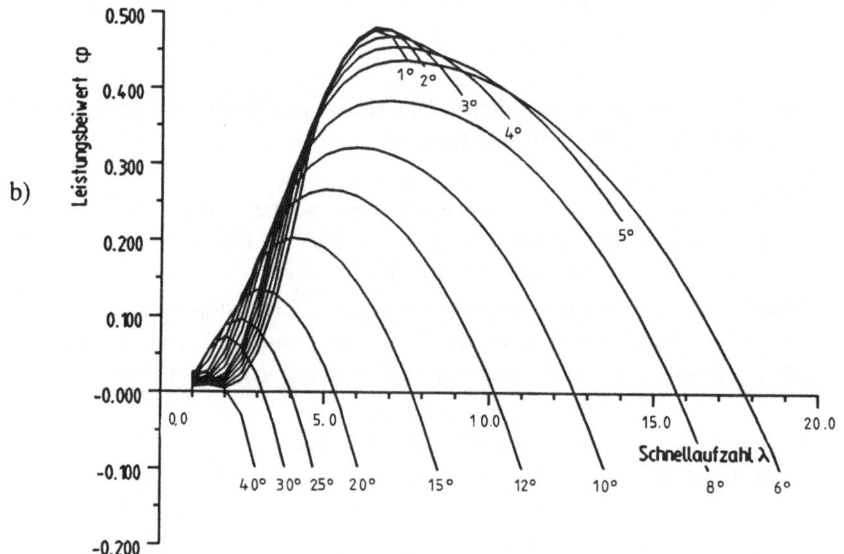

Bild 2.1.5: c_p-λ- Kennfeld für Aeroman 12,5 (a) und WKA-60 (b); v_{2ax} analytisch mit kubischer Gleichung, Drehmoment mit 21 Stützstellen und Simpson-Integration berechnet

Weiterführende Untersuchungen haben ergeben, daß sich die Lösung der cardanischen Formel im Normalbetriebsbereich weitestgehend auf eine der drei möglichen Teillösungen beschränkt. Somit lassen sich diese Zustände in Form eines geschlossenen Lösungsweges zur Leistungs- bzw. Drehmomentberechnung für Windturbinen beschreiben. Dabei auftretende Fehler gegenüber der Blattelementtheorie mit enger Schrittweite unter Einbeziehung des Dralls etc. sind in Bild 2.1.6 dargestellt.

Der hier beschriebene vereinfachte Lösungsweg hat wegen der gewählten kubischen Näherung seine Grenzen. Insbesondere im Bereich knapp über der Einschalt- und in der Nähe der Abschaltwindgeschwindigkeit ist das Verfahren im Vergleich zur Blattelementmethode ungenau. Allerdings weist auch die Blattelementmethode bei derartigen Windverhältnissen z.T. erhebliche Differenzen zu Messungen auf, so daß derartige Zustände nur bedingt wiedergegeben werden können.

Die Untersuchungen wurden zwar nur beispielhaft für zwei Modellanlagen durchgeführt. Trotz unterschiedlicher Größe, Blattzahl, Schnellaufzahl, Geometrie usw. sind in den durch ausgezogene Linien gekennzeichneten Betriebsbereichen der Anlagen kaum Differenzen bei den Rechenergebnissen festzustellen (s. Bild 2.1.6.a, b). Fehler über 5 % sind insbesondere bei der kleinen Anlage sehr gering und treten vornehmlich bei sehr niedrigen und sehr hohen Windgeschwindigkeiten auf. Bei diesen Zuständen sind jedoch auch bei herkömmlichen rechenintensiven Methoden keine genauen Angaben über Fehlergrenzen möglich. Eine Übertragbarkeit des Verfahrens auf andere Windturbinen, die als Schnelläufer mit Blatteinstellwinkelregelung ausgeführt sind, sollte daher weitestgehend möglich sein. Für stallgeregelte Anlagen sind allerdings Einschränkungen zu erwarten, da bei den hier auftretenden großen Anströmwinkeln aufgrund der einfachen Approximation des Auftriebsbeiwertes mit Hilfe eines Polynoms dritten Grades erhebliche Fehler möglich sind. Weiterhin sollten dann Widerstandanteile bei der Schubkraftermittlung in die Rechnung einbezogen werden.

Die speziellen Anwendungsmöglichkeiten des beschriebenen Verfahrens und sich ergebende Einschränkungen in den Gültigkeitsbereichen lassen sich also nur nach entsprechenden Untersuchungen definieren. Insgesamt können jedoch mit Hilfe dieses erheblich vereinfachten Verfahrens weite Anlagen- und Betriebsbereiche rechentechnisch erfaßt werden. Bei Betrachtungen zu Gesamtsystemen lassen sich somit die physikalischen Gegebenheiten der Turbine in ihrem quasistationären Verhalten berücksichtigen.

Darüber hinaus sind dynamische Einflüsse und resultierende Verformungen an den Systemkomponenten in die Betrachtungen mit einzubeziehen. Diese werden sowohl durch äußere Einwirkungen als auch durch gezielte Eingriffe an der Turbine zur

Begrenzung und Regelung der Aufnahmeleistung wesentlich bestimmt. Sie bilden den Schwerpunkt des folgenden Abschnittes.

a)

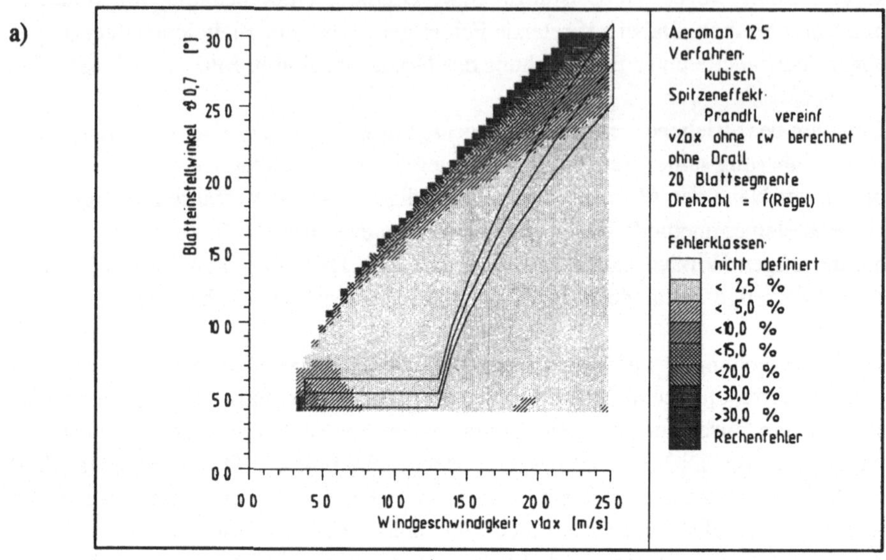

b)

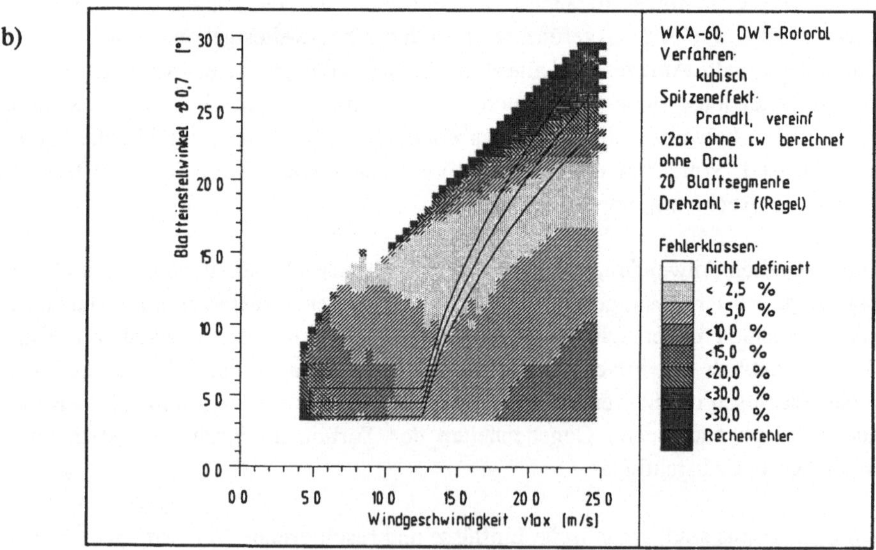

Bild 2.1.6: Relativer Fehler bei der vereinfachten Rotorleistungsberechnung für Aeroman 12,5 (a) und WKA-60 (b)

2.2 Eingriffe an der Windturbine zur Leistungsregelung

In früheren Jahrhunderten wurden Windenergieanlagen durch manuelle Eingriffe (z.B. Reffen der Segel oder Stellen der Rotationsebene in Richtung des Windes) vor Überdrehzahlen geschützt. In amerikanischen Windturbinen (Langsamläufer) konnte bereits durch Drehen oder Kippen des Windrades die Leistungsaufnahme konstruktionsabhängig begrenzt werden. Seit Mitte dieses Jahrhunderts kommen aerodynamisch begründete Prinzipien zum Einsatz, die eine Leistungsbegrenzung durch Strömungsabriß bzw. Leistungsveränderungen durch Blatteinstellwinkelvariation erlauben. Bei neuen Ausführungen wird auch in der 10 kW-Größenordnung durch drehzahlvariable Generatorsysteme eine einstellbare Leistungsanpassung der Turbine an die gegebenen Windverhältnisse ermöglicht.

2.2.1 Änderung der Durchströmfläche der Windturbine

Langsamläufer werden i.a. durch Drehen oder Kippen der Turbinenrotationsebene infolge des Winddruckes in ihrer Leistungsaufnahme begrenzt. Damit wird die effektive Durchströmfläche des Windrades verringert und die Blattanströmung erheblich verändert. Bild 2.2.1 zeigt für Windkraftanlagen [2.8] die insbesondere durch Schräganströmung und damit verbundenem Abreißen der Strömung hervorgerufene drastische Abnahme der Rotorleistungsbeiwerte [2.9].

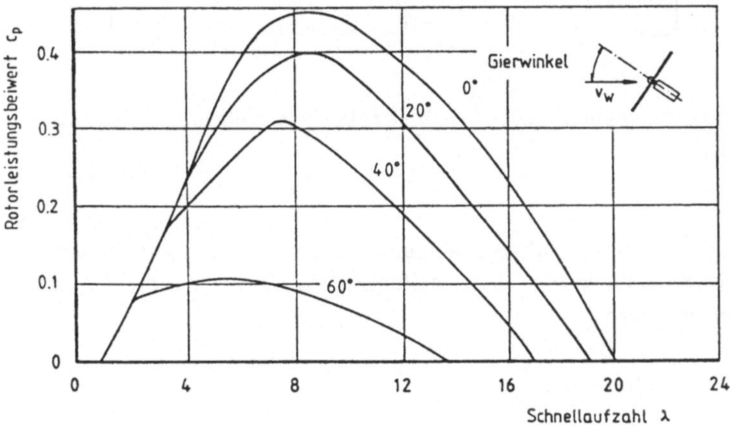

Bild 2.2.1: Rotorleistungsbeiwert bei Schräganströmung [2.9]

Für vielblättrige, symmetrische Anordnungen mit niedrigen Drehzahlbereichen ist dieser Eingriff sehr sinnvoll. Die folgenden Ausführungen zeigen dies.

26

Auch für hochtourige Windräder kann eine gezielte Verstellung der Rotorebene in
Windrichtung langfristigem Anlagenschutz dienen. Dieser Vorgang kann durch eine
aktive Windrichtungsnachführung gesteuert werden. Dabei werden an den rotierenden Blättern durch die Drehung der Rotationsebene Momente hervorgerufen, die
in ihrem Verhalten dargestellt werden sollen, um die Rückwirkungen auf das
Nachführsystem zu charakterisieren. Hierzu sollen im folgenden für eine zweiblätt-
rige Anordung nach Bild 2.2.2 auftretende Beschleunigungen und Momente abgeleitet werden.

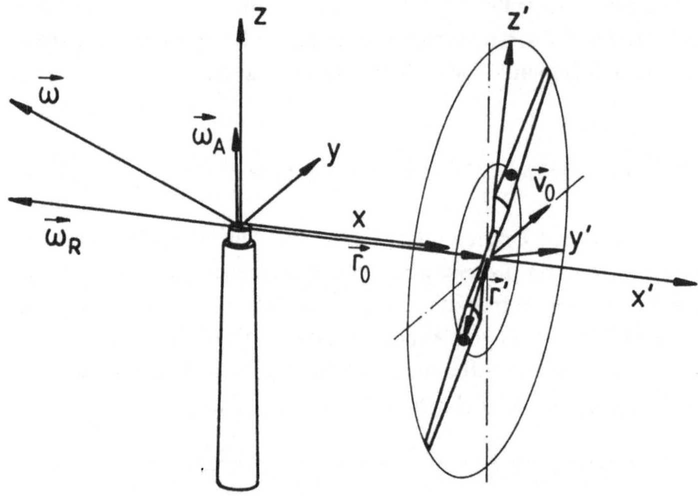

Bild 2.2.2:   Relativbewegung rotierender Blätter bei Nachführung des Azimutwin-
kels

Das System x', y', z' sei fest mit dem Windrad verbunden. Dann gilt für den hier
angenommenen Schwerpunkt eines biegesteifen Blattes für die Geschwindigkeit in
diesem Koordinatensystem

$$\frac{dr'}{dt} = v' = 0$$

und äquivalent für die Beschleunigung

$$\frac{dv'}{dt} = b' = 0 \ .$$

Bei Azimutnachführung mit ω_A eines mit ω_R rotierenden Windrades ergibt sich die
resultierende Winkelgeschwindigkeit

$$\vec{\omega} \;=\; \vec{\omega}_A + \vec{\omega}_R \tag{2.2.1}$$

und die Drehgeschwindigkeit des Rotorkopfes

$$\vec{v}_0 \;=\; \vec{\omega} \times \vec{r}_0 \;=\; \vec{\omega}_A \times \vec{r}_0 \quad . \tag{2.2.2}$$

Weiter ist die Gesamtgeschwindigkeit des Schwerpunktes [2.10]

$$\vec{v} \;=\; \vec{v}_0 + \vec{v}' + \vec{\omega} \times \vec{r}' \;=\; \vec{\omega}_A \times \vec{r}_0 + \vec{\omega} \times \vec{r}' \quad \text{und} \tag{2.2.3}$$

$$\vec{b} \;=\; \vec{b}' + \vec{b}_0 + 2\,\vec{\omega} \times \vec{v}' + \frac{d\vec{\omega}}{dt} \times \vec{r}' + \vec{\omega} \times (\vec{\omega} \times \vec{r}') \quad , \tag{2.2.4}$$

wobei $\vec{b}' = 0$ und $2\,\vec{\omega} \times \vec{v}' = 0$ sind.

Mit der Zentripetalbeschleunigung im Rotorkopf

$$\vec{b}_0 \;=\; \vec{\omega}_A \times (\vec{\omega}_A \times \vec{r}_0) \quad \text{und}$$

$$\frac{d\vec{\omega}}{dt} \;=\; \vec{\omega}_A \times \vec{\omega} \;=\; \vec{\omega}_A \times (\vec{\omega}_A + \vec{\omega}_R) \;=\; \vec{\omega}_A \times \vec{\omega}_R$$

ergibt sich die Beschleunigung im Schwerpunkt

$$\vec{b} \;=\; \vec{\omega}_A \times (\vec{\omega}_A \times \vec{r}_0) + (\vec{\omega}_A \times \vec{\omega}_R) \times \vec{r}' + (\vec{\omega}_A + \vec{\omega}_R) \times \Big((\vec{\omega}_A + \vec{\omega}_R) \times \vec{r}' \Big)$$

oder

$$\vec{b} \;=\; \underbrace{\vec{\omega}_A \times \Big(\vec{\omega}_A \times (\vec{r}_0 + \vec{r}') \Big)}_{} + \underbrace{2\,\vec{\omega}_A \times (\vec{\omega}_R \times \vec{r}')}_{} + \underbrace{\vec{\omega}_R \times (\vec{\omega}_R \times \vec{r}')}_{} \tag{2.2.5}$$

	Zentripetalbeschl.	Coriolisbeschl.	Zentripetal-
mit den Anteilen	von ω_A,	und	beschl. von ω_R,

die im einzelnen näher betrachtet werden sollen, um die jeweiligen Beschleunigungen anschaulich interpretieren zu können.

Zentripetalbeschleunigung durch die Nachführung

Mit dem Abstand des Rotorkopfes

$$\vec{r}_0 \;=\; |\vec{r}_0|\, \vec{e}_x \;=\; r_0\, \vec{e}_x$$

28

bzw. des Rotorblattschwerpunktes von der Turmachse

$$\vec{r}' = y'\, \vec{e}_y + z'\, \vec{e}_z$$

ist nach Bild 2.2.3 die Resultierende

$$\vec{r}_0 + \vec{r}' = r_0\, \vec{e}_x + y'\, \vec{e}_y + z'\, \vec{e}_z \ .$$

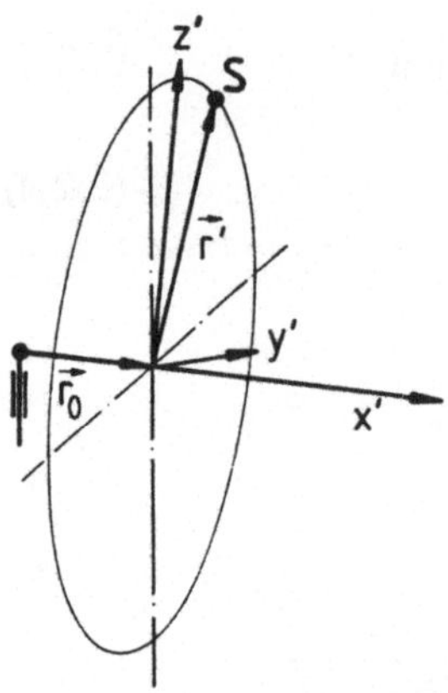

Bild 2.2.3: Rotierender Blattschwerpunkt

Unter Berücksichtigung der Nachführwinkelgeschwindigkeit

$$\vec{\omega}_A = \omega_A\, \vec{e}_z$$

ergibt sich der Klammerausdruck als Nachführgeschwindigkeit

$$\vec{\omega}_A \times (\vec{r}_0 + \vec{r}') = \begin{vmatrix} \vec{e}_x & \vec{e}_y & \vec{e}_z \\ 0 & 0 & \omega_A \\ r_0 & y' & z' \end{vmatrix} = -\omega_A\, y'\, \vec{e}_x + \omega_A\, r_0\, \vec{e}_y$$

und somit die Zentripetalbeschleunigung von ω_A

$$\vec{b}_{\omega A} = \vec{\omega}_A \times \left(\vec{\omega}_A \times (\vec{r}_0 + \vec{r}') \right) = \begin{vmatrix} \vec{e}_x & \vec{e}_y & \vec{e}_z \\ 0 & 0 & \omega_A \\ -\omega_A y' & \omega_A r_0 & 0 \end{vmatrix}$$

bzw.

$$\vec{b}_{\omega A} = - \omega_A^2\, r_0\, \vec{e}_x - \omega_A^2\, y'\, \vec{e}_y \quad . \tag{2.2.6}$$

Bei Anordnung des Rotors mit 2 symmetrischen Blättern wird der Anteil

$$\omega_A^2\, y'\, \vec{e}_y = 0$$

und ruft somit ein inneres Moment hervor, das die Struktur der Blätter und bei blattwinkelgeregelten Anlagen auch die Blattlager beansprucht.

Die Restbeschleunigung

$$\vec{b}_{\omega A} = - \omega_A^2\, r_0\, \vec{e}_x \tag{2.2.7}$$

hat nur ein Moment in x-Richtung zur Folge. Die Nachführung kann i.a. nur kleine Winkelgeschwindigkeitswerte ω_A erreichen, so daß $b_{\omega A}$ und daraus resultierende Beanspruchungen nur eine untergeordnete Rolle spielen.

Zentripetalbeschleunigung durch Rotation der Blätter

Nach Bild 2.2.3 ergibt sich für den umlaufenden Schwerpunkt S der Radius

$$\vec{r}' = y'\, \vec{e}_y + z'\, \vec{e}_z$$

und die Winkelgeschwindigkeit

$$\vec{\omega}_R = - \omega_R\, \vec{e}_x \quad .$$

Damit wird die Geschwindigkeit in S

$$\vec{\omega}_R \times \vec{r}' = \begin{vmatrix} \vec{e}_x & \vec{e}_y & \vec{e}_z \\ -\omega_R & 0 & 0 \\ 0 & y' & z' \end{vmatrix} = \omega_R\, z'\, \vec{e}_y - \omega_R\, y'\, \vec{e}_z$$

und die Zentripetalbeschleunigung

$$\vec{b}_R = \vec{\omega}_R \times (\vec{\omega}_R \times \vec{r}') = \begin{vmatrix} \vec{e}_x & \vec{e}_y & \vec{e}_z \\ -\omega_R & 0 & 0 \\ 0 & \omega_R z' & -\omega_R y' \end{vmatrix}$$

also

$$\vec{b}_R = -\omega_R^2\, y'\, \vec{e}_y - \omega_R^2\, z'\, \vec{e}_z \quad . \tag{2.2.7}$$

Durch die Zentripetalbeschleunigung hervorgerufene Kräfte bzw. Momente belasten zwar Blätter und Lager, bei symmetrischer Anordnung des Rotors wirken diese beiden Anteile jedoch nicht auf die Nachführung.

Coriolisbeschleunigung

Aus der Schwerpunktgeschwindigkeit

$$\vec{\omega}_R \times \vec{r}' = \omega_R\, z'\, \vec{e}_y - \omega_R\, y'\, \vec{e}_z$$

ergibt sich in Verbindung mit der Nachführ-Winkelgeschwindigkeit entsprechend

$$\vec{\omega}_A \times \left(\vec{\omega}_R \times \vec{r}'\right) = \begin{vmatrix} \vec{e}_x & \vec{e}_y & \vec{e}_z \\ 0 & 0 & \omega_A \\ 0 & \omega_R z' & -\omega_R y' \end{vmatrix} = -\omega_A\, \omega_R\, z'\, \vec{e}_x$$

und somit die Coriolisbeschleunigung

$$\vec{b}_c = 2\, \vec{\omega}_A \times \left(\vec{\omega}_R \times \vec{r}'\right) = -2\, \omega_A\, \omega_R\, z'\, \vec{e}_x \quad . \tag{2.2.8}$$

Hieraus erhält man für einen Betrachter in einem mit ω_A nachgeführten, aber nicht mit ω_R rotierenden x''-, y''-, z''-System für z'' > 0 eine Coriolisbeschleunigung b_c in Richtung der negativen x''-Achse. Für z'' < 0 hat b_c entgegengesetzte Richtung (s. Bild 2.2.4).

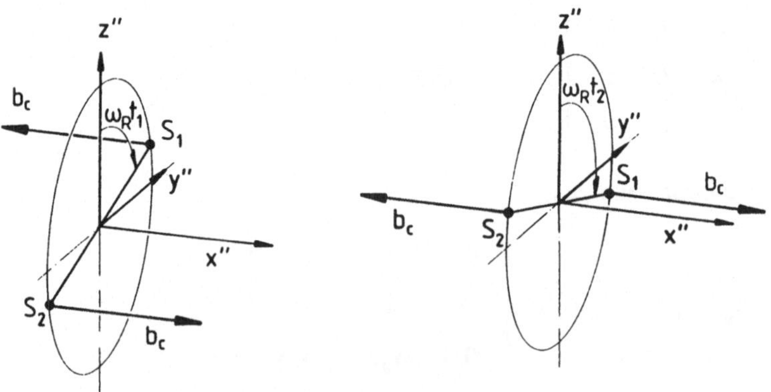

Bild 2.2.4: Coriolisbeschleunigung am Rotorblatt

Diese Coriolisbeschleunigung hat Momente an den Rotorblättern und am Nachführ-system im Turmkopf zur Folge. Das Moment in x-Richtung wirkt also bei Drehung des Turmkopfes beschleunigend oder verzögernd und nicht stetig dämpfend, wobei entsprechend der Rotorblattmasse m_B ein Moment infolge der Coriolisbeschleuni-gung gegenüber der z"- bzw. z-Achse

$$M_{cz} = m_B \, b_c \, y'' \quad \text{ist.} \tag{2.2.9}$$

Mit $\quad\quad z'' = r' \cos \, \omega_R t$
und $\quad\quad y'' = r' \sin \, \omega_R t \quad\quad$ sowie
$\sin \omega_R t \, \cos \omega_R t \quad = 1/2 \sin 2 \, \omega_R t$

kann für das Moment in x-Richtung

$$M_{cz} = - m_B \, r'^2 \, \omega_A \, \omega_R \, \sin 2 \omega_R t \tag{2.2.10}$$

geschrieben werden. Mit dem Rotorblatt-Trägheitsmoment

$$J_B = m_B \, r^2$$

ergibt sich schließlich

$$M_{cz} = - J_B \, \omega_A \, \omega_R \, \sin 2 \omega_R t \quad . \tag{2.2.11}$$

Im Winkelbereich

$$\omega_R \, t = 0 \ldots \frac{\pi}{2} \quad \text{und} \quad \pi \ldots \frac{3}{2}\pi$$

wirkt die Coriolis-Beschleunigung für beide Blätter $2M_{cz}$ der Nachführung ent-gegen. Bei

$$\omega_R \, t = \frac{\pi}{2} \ldots \pi \quad \text{und} \quad \frac{3}{2}\pi \ldots 2\pi$$

wirkt $2M_c$ mit der Nachführung und versucht diese zu beschleunigen. Somit ergeben sich je nach Windradstellung dämpfende oder anfachende Momente bei dieser überlagerten Drehung. Dieser Effekt ist bei zweiblättrigen Anlagen durch ruckartige Nachführbewegungen zu beobachten. Bei drei- und vierblättrigen Turbinen u.ä. addieren sich diese Beschleunigungsmomente zu Null und wirken somit nicht auf die Nachführung ein.

Aufgrund der Momente in bezug auf die y-Achse, die ein Kippmoment am Windrad verursachen, können die Rotorblätter in allen Anordnungen jedoch bei schnellen Drehbewegungen erheblich belastet bzw. gefährdet werden. Daher dürfen derartige Nachführvorgänge nur sehr langsam erfolgen.

Windkraftanlagen sind aufgrund laufender Windgeschwindigkeitsänderungen fortwährend z.T. sehr großen Energieangebotsgradienten unterworfen. Zur Energieaufnahme aus dem Wind sind deshalb schnelle Eingriffe im Turbinensystem erforderlich. Dazu ist insbesondere die Rotorblattverstellung geeignet.

2.2.2 Rotorblattverstellung

Die Verstellung der Rotorblätter um ihre Längsachse (s. Bild 2.2.5) ermöglicht kurzfristig aktiv auf die Antriebsleistung am Windrad einzuwirken. Dazu muß von einer Verstelleinrichtung das erforderliche Moment aufgebracht werden.

Neben dem konstruktionsbedingten

- Antriebsmoment sind
- Momente durch die Trägheit der gesamten Blattverstelleinrichtung (z.B. Stellmotor, Kupplungen, Spindel, Bremsscheibe und Hebelmechanismus oder Hydraulikzylinder etc.) und
- Momente infolge der Feder- und Dämpfungseigenschaften in der Blattverstelleinrichtung sowie
- Momente durch (eventuell vorhandene) Rückstellfedern zu berücksichtigen.

Bei der meist üblichen Blattverstellung mit Hilfe einer Hebelvorrichtung sind diese Momente zusätzlich einstellwinkelabhängig. Dadurch sind nichtlineare Zusammenhänge zwischen Antriebsleistung und Rotorblattstellung gegeben, die sich auf das Übertragungsverhalten auswirken und z.B. unterschiedliche Verstärkungsverhältnisse verursachen.

Die einzelnen Momente sollen im folgenden erläutert, anschaulich dargestellt und im Hinblick auf eine rechnerische Behandlung näher betrachtet werden.

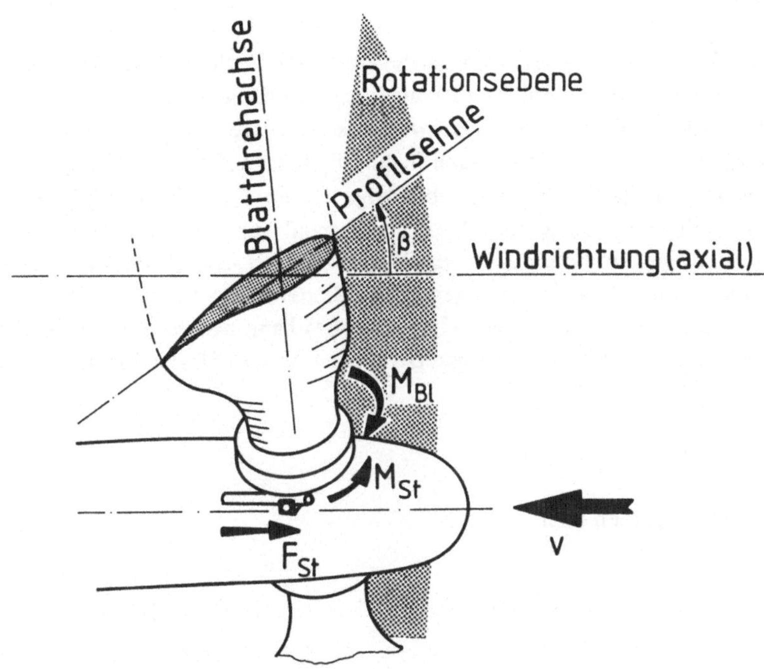

Bild 2.2.5: Blattverstelleinrichtung
    β Blatteinstellwinkel
    M_{St} (F_{St})   durch das Stellglied aufgebrachtes Moment (bzw. Kraft)
    M_{Bl} durch das Blatt hervorgerufenes Torsionsmoment

2.2.2.1 Momente am Rotorblatt

Durch die Ausführung des Rotorblattes hinsichtlich der

- Geometrie in Profil- und Längsrichtung, der
- Steifigkeit und
- Massenverteilung aufgrund der Materialauswahl, der möglicherweise
  gegebenen
- Freiheitsgrade in Pendel-, Schlag- und Schwenkrichtung sowie aufgrund
  der
- Lagerung

werden entsprechend dem Betriebszustand einer zu untersuchenden Anlage folgende Torsionsmomente wirksam:

- Propellermomente

werden infolge ungleicher Massenbelegung der Rotorblätter (in Bild 2.2.6
an einem Profilelement dargestellt) hinsichtlich der Blattdrehachse durch die
Zentrifugalkraft F_z in jedem Teilschwerpunkt hervorgerufen. Ihre Zerlegung
in Normal- und Biegekomponenten F_N und F_Q führt auf die im wesentlichen
drehzahl- und blatteinstellwinkelabhängige Größe F_{Pr}. Die Multiplikation
von F_{Pr} mit dem von a_p herrührenden Abstand zur Blattachse sowie die
Integration des Produktes über der Blattlänge führt zum Propellermoment
M_{Pr}. Für die im Normalbetrieb gegebenen Blatteinstellwinkel nahe 90° und
bei den stets kleinen Konuswinkeln ($\gamma < 10°$) kann näherungsweise a_p für
den momentbildenden Abstand gesetzt werden, so daß für das Propellermoment

$$dM_{Pr} \approx dF_{Pr}\, a_p \tag{2.2.12}$$

geschrieben werden kann.

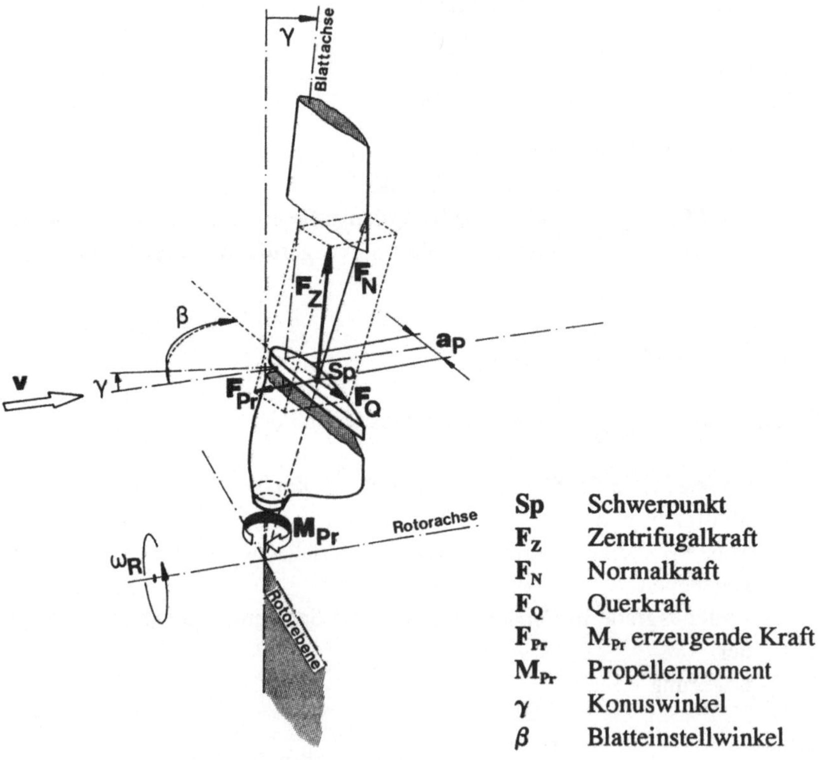

Sp	Schwerpunkt
F_Z	Zentrifugalkraft
F_N	Normalkraft
F_Q	Querkraft
F_{Pr}	M_{Pr} erzeugende Kraft
M_{Pr}	Propellermoment
γ	Konuswinkel
β	Blatteinstellwinkel

Bild 2.2.6: Propellermoment

\- Durch **Auftriebskräfte** F_A außerhalb der Blattdrehachse entstehen Momente M_{Auf} nach Bild 2.2.7, die im wesentlichen von der resultierenden Windgeschwindigkeit, dem Blatteinstellwinkel, dem Blattprofil und dem Abstand zwischen Auftriebskraftangriffspunkt bei $t_B/4$ und Blattdrehachse abhängen. Für ein Profilelement gilt näherungsweise

$$dM_{Auf} = c_a(\alpha)\, v_r\, \frac{\rho}{2}\, a_a\, \cos\alpha\, dA_B \quad . \qquad (2.2.13)$$

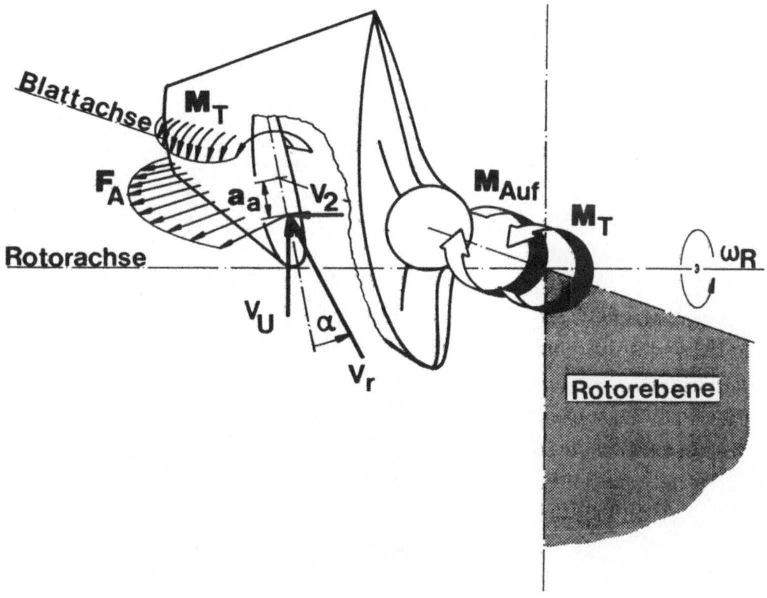

Bild 2.2.7: Momente durch Auftriebskräfte und aerodynamische Rückstellung

\- **Rückstellmomente** M_T bewirken i.a. Profildrehung in Anströmrichtung und sind von der resultierenden Windgeschwindigkeit v_r, von der Blattfläche A, von der Blattiefe t_B sowie vom Anströmwinkel und Blattprofil mit zugehörigem Momentbeiwert c_t abhängig. Für ein Element gilt i.a. auf $t_B/4$ bezogen

$$dM_T = c_t(\alpha)\, v_r\, \frac{\rho}{2}\, t_B\, dA_B \quad . \qquad (2.2.14)$$

- Infolge **Durchbiegung der Blätter** entstehen Massenschwerpunkts- und
Auftriebskraftverschiebungen. Hierdurch werden i.a. einer Blattrückstellung
entgegen wirkende Drehmomente erhöht, d.h. infolge Profilverlagerung
werden durch Auftriebskräfte hervorgerufene Momente M_{Auf} meist größer.
Durch Massenverschiebung werden i.a. zusätzliche Propellermomente wirksam. Darüber hinaus wird das Trägheitsmoment des verformten Blattes
gegenüber seinem unverformten Zustand wesentlich vergrößert (s. Bild
2.2.8).

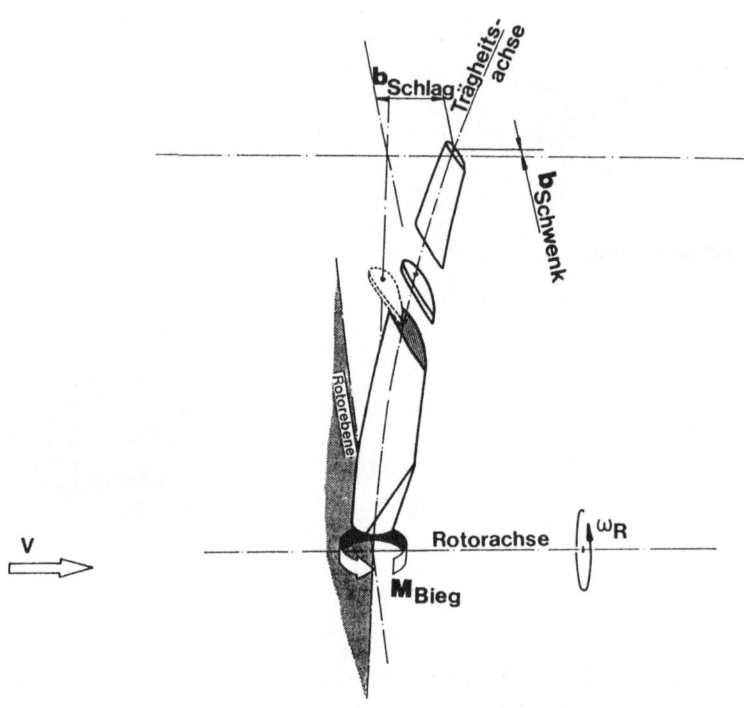

Bild 2.2.8: Momente infolge Durchbiegung der Blätter

- **Momente durch Pendelbewegung des Rotors** und damit verbundenen
Blatteinstellwinkelveränderungen, die insbesondere bei Pendelnabenausfüh-
rungen auftreten, sind wesentlich von der Blattstellung und der Pendelampli-
tude beim Umlauf abhängig (s. Bild 2.2.9). Bei symmetrischer Blätteran-
ordnung heben sich z.B. durch Beschleunigungen der trägen Massen ent-
stehende Momente hinsichtlich des äußeren Antriebes auf. Propellermomente können sich dagegen jedoch erheblich verändern.

Aufgrund der großen Anzahl von Einwirkungen und infolge der stets sich ändernden Zustände beim Blattumlauf, lassen sich diese Einflüsse mit vertretbarem Rechenaufwand nicht ohne weiteres erfassen. Die Ermittlung von Extremzuständen kann jedoch für Dimensionierungszwecke oft ausreichen.

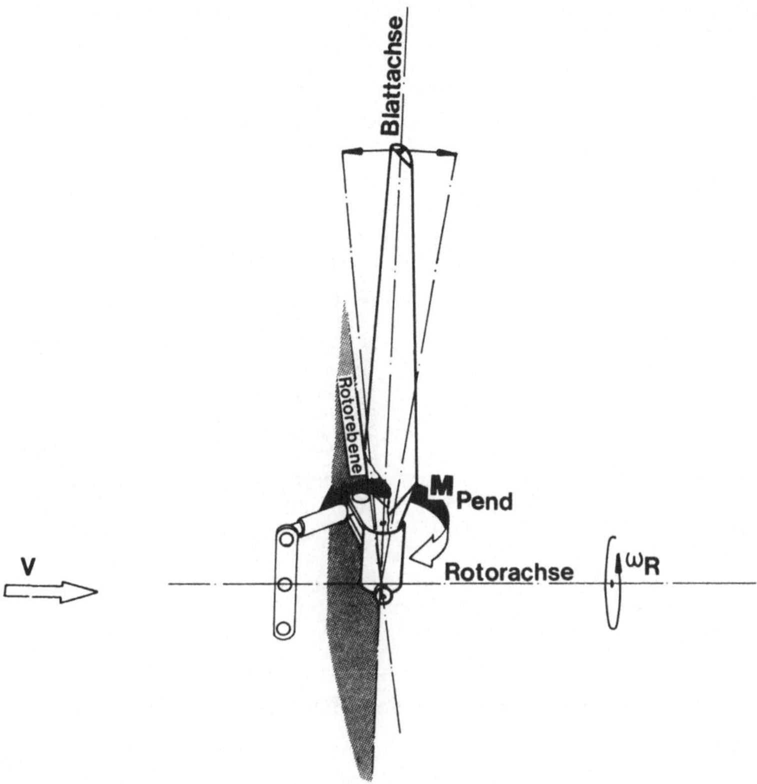

Bild 2.2.9: Momente durch Pendelbewegungen

- **Reibmomente** an der Blattlagerung wirken der Blattbewegung stets hemmend entgegen (Bild 2.2.10). Sie sind von der Rotorstellung und Anlagendrehzahl sowie von der Blattverstell- und Windgeschwindigkeit abhängig und zeigen quasi dämpfenden Charakter.

Das Reibmoment eines Lagers ergibt sich als Summe aus einem lastunabhängigen Anteil und einer lastabhängigen Komponente. Der lastunabhängige Anteil ist bedingt durch die hydrodynamischen Verluste im Schmiermittel. Er hängt von der Viskosität und Menge des Schmiermittels sowie von der Wälzgeschwindigkeit ab und überwiegt in schnellaufenden, leicht belasteten

Lagern. Da bei Blattdrehungen nur sehr kleine Rotationsgeschwindigkeiten (maximal $\pi/6$ pro Sekunde) erreicht werden und hohe Beanspruchung der Lager gegeben ist, kann dieser Anteil vernachlässigt werden.

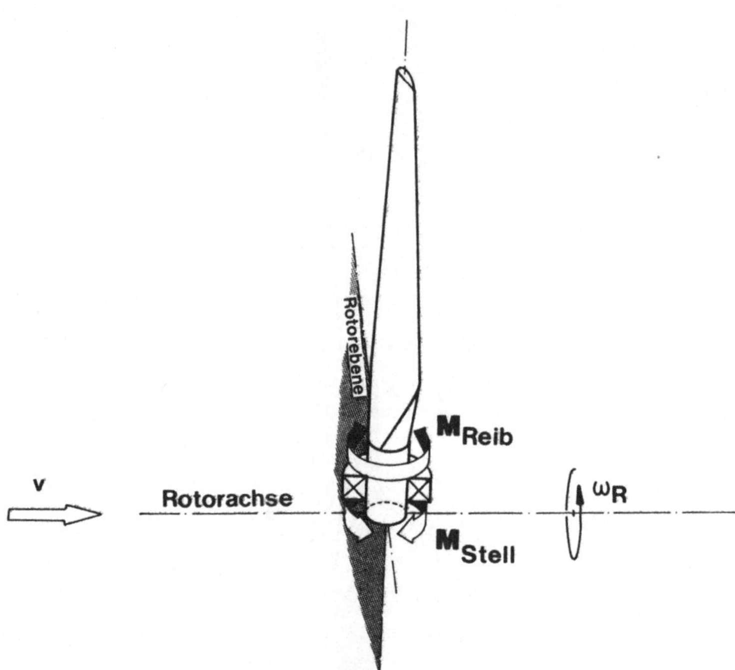

Bild 2.2.10: Reibmomente an den Blattlagern

Das lastabhängige Reibungsmoment M_{RL} wird durch elastische Verformungen sowie durch teilweise örtliches Gleiten an den Berührungsflächen hervorgerufen und herrscht bei belasteten, langsam umlaufenden Lagern vor. Es kann bestimmt werden nach der Beziehung [2.11]

$$M_{RL} \quad = \quad f_{L1} \ g_{L1} \ P_{LO} \ d_m \ . \tag{2.2.15}$$

Dabei sind die Größen

f_{L1} von der Lagerart und der Belastung des Lagers abhängiger Beiwert,
g_{L1} durch die Lastrichtung bestimmter Faktor,
P_{LO} die äquivalente statische Belastung und
d_m der mittlere Durchmesser des Lagers

aus Herstellerverzeichnissen zu entnehmen.

Die äquivalente statische Belastung wird durch axiale und radiale Lagerkräfte geprägt. Diese ändern sich jedoch bei umlaufenden Rotorblättern in Abhängigkeit mit der Blattstellung ψ_{Bl}, so daß

$$P_{LO} \quad = \quad f(\psi_{Bl}) \quad \text{z.B. für Axial-Rillenkugellager} \qquad (2.2.16)$$

$$g_1 \, P_{LO} \quad = \quad F_a(\psi_{Bl}) \; , \text{ also gleich der axialen Kraft wird.}$$

Die vereinfachte Annahme hinsichtlich geringfügiger Abweichungen von den Mittelwerten mit

$$P_{LO} \quad \approx \quad \text{const.} \qquad (2.2.17)$$

bedarf allerdings fallspezifischer Voruntersuchungen.

Reibmomente sind weiterhin von der Drehgeschwindigkeit abhängig. Näherungsweise kann für den Anlauf meist mit dem doppelten Wert des lastabhängigen Reibmomentes gerechnet werden.

Die Summe des Reibmomentes aller bei der Blattverstellung aktivierten Lager ergibt das Gesamtmoment

$$M_{Reib} \quad = \quad \sum_{k=1}^{n} M_{RLk} \qquad (2.2.18)$$

mit der Anzahl n aller relevanten Lager.

Bei Verstellung des rotierenden Blattes wirken weiterhin Momente auf das System, die durch Beschleunigung am Profil anliegender **Luftmassen** und durch **Luftdämpfung** entstehen (s. Bild 2.2.11). Eine Beschreibung dieser, die Bewegung hemmenden Größen ist nur für definierte Zustände möglich.

Unter Einschränkung auf

- biege- und torsionssteife Blätter mit einer
- Drehachse in einem Viertel der Profiltiefe ($t_B/4$) bei einer
- Drehung nur um die Verstellachse (also ohne Blattdurchbiegung)

können diese Momente pro Spannweiteneinheit abgeschätzt werden durch die Beziehung nach [2.12].

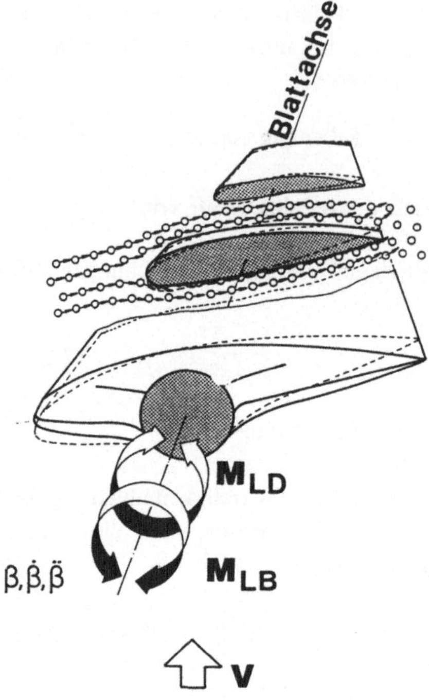

Bild 2.2.11: Momente bei Blattverstellung durch Beschleunigung von Luftmassen und durch Luftdämpfung

$$\frac{dM_L}{dr} = \pi \rho d^4 \left(-\left(\frac{1}{8} + a^2\right)\ddot\beta + \left(a - \frac{1}{2} + 2\left(\frac{1}{4} - a^2\right)C(k)\right)\frac{v_r}{d}\dot\beta \right) \ .$$

Trägheit beschl. Dämpfung der
Luftmassen   bewegten Luft

Dabei sind:

β Drehwinkel bzw. Blatteinstellwinkel,
d   halbe Profiltiefe,
ad   Abstand Profilmitte-Drehpunkt,
C(k)   Theodorsen-Funktion (quasistationär $C(k) = 1$) und
v_r Anströmgeschwindigkeit.

Die geometrischen Beziehungen werden in Bild 2.2.12 dargestellt.

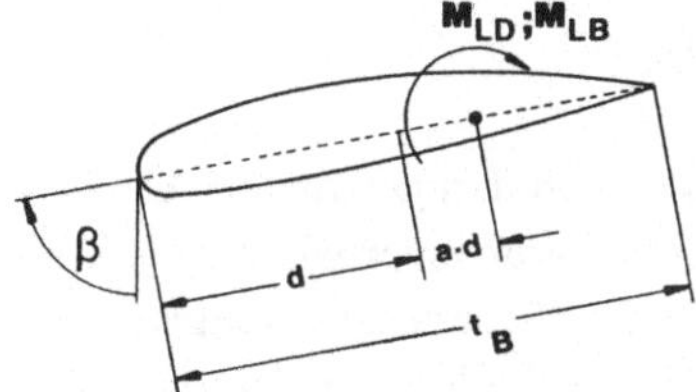

Bild 2.2.12: Definition der geometrischen Profilgrößen zur Berechnung von Momenten durch Luftmassenbeschleunigung und Luftdämpfung [2.12]

Im quasistationären Zustand ergibt sich somit das gesamte Moment infolge der Luftkräfte durch Integration über die Spannweite des Blattes vom Innen- zum Außenradius (R_i nach R_a) mit

a $\quad = -1/2 \quad = $ const. und
d $\quad = t_B/2 \quad = f(r)$ eingesetzt, also wird

$$M_L = \int_{R_i}^{R_a} dM_L = -\frac{3}{128}\,\pi\rho\,\ddot{\beta} \int_{R_i}^{R_a} t_B^4\, dr - \frac{1}{8}\,\pi\rho\,\dot{\beta} \int_{R_i}^{R_a} v_r\, t_B^3\, dr \qquad (2.2.19)$$

bzw.

$$M_L = \underbrace{ M_{LB} + M_{LD} } \qquad (2.2.20)$$

mit $\quad M_{LB} = J_{LB}\,\ddot{\beta} \quad$ und $\quad M_{LD} = k_{LD}\,\dot{\beta}$.

Für derartige Abschätzungen genügt es meist, das Blatt in fünf bis zehn Abschnitte zu unterteilen, mit den jeweils errechneten mittleren Blattiefen und Anströmgeschwindigkeiten die Teilmomente zu ermitteln und zum Gesamtmoment zu summieren.

Ergebnisse solcher Überschläge zeigen, daß Anteile infolge beschleunigter Luftmassen gegenüber den großen trägen Massen der Blätter und Verstelleinrichtungen eine völlig untergeordnete Rolle spielen und somit vernachlässigt werden können. Momente infolge Luftdämpfung sind i.a. zwar kleiner als zugehörige Reibungswerte, erreichen aber ähnliche Größenordnungen und sind daher zu berücksichtigen.

Im folgenden soll anhand der Bewegungsgleichung des Systems für die Rotorblattverstellung eine geeignete Struktur abgeleitet werden.

42

2.2.2.2 Struktur zur Rotorblattverstellung

Die oben aufgeführten Momente werden außer von den genannten Abhängigkeiten vom momentanen Stand, d.h. auch vom Schwingungsverhalten der Rotorblätter beeinflußt. Werden zusätzlich Höhengradient der Windgeschwindigkeit und Turmschatteneinwirkungen berücksichtigt, so spielt die Stellung des Rotors während des Umlaufs eine entscheidende Rolle. Bild 2.2.13 gibt die Einflußgrößen und das Zusammenwirken aller am Rotorblatt angreifenden Momente wieder.

Im folgenden sollen die Einflußgrößen auf das Rotorblatt näher erläutert werden. Von der allgemeinen Bewegungsgleichung des Blattes bei Drehung um seine Längsachse ausgehend, ergibt sich die Differentialgleichung

$$\frac{d\left((J_{LB} + J_{Bl})\dfrac{d\beta}{dt}\right)}{dt} + \frac{d\left((k_{DB} + k_{RL})\beta\right)}{dt} = M_{St} - M_{Bl} \quad . \tag{2.2.21}$$

Nach Differentiation und Aufspaltung der Werte kann

$$(J_{LB} + J_{Bl})\,\frac{d^2\beta}{dt^2} + \left(\frac{dJ_{Bl}}{dt} + \frac{dJ_{LB}}{dt} + k_{DB} + k_{RL}\right)\frac{d\beta}{dt} +$$

$$+ \left(\frac{dk_{DB}}{dt} + \frac{dk_{RL}}{dt}\right)\beta + M_{Pr} + M_{Auf} + M_T + M_{Bieg} + M_{Pend} = M_{St} \tag{2.2.22}$$

geschrieben werden. Dabei sind:

J_{LB} zur Massenträgheit äquivalenter Wert durch beschleunigte Luftmassen ($M_{LB} = J_{LB}\, d^2\beta/dt^2$ - bildend),

J_{Bl} Massenträgheitsmoment des Rotorblattes durch seine Längsachse, wobei J_{Bl} den Einwirkungen durch Schwerpunktverlagerungen infolge Blattdurchbiegung unterliegt,

k_{DB} Dämpfungsbeiwert für die meist vernachlässigbaren Struktur- (k_{DS}) und die i.a. dominierenden aerodynamischen Dämpfungsanteile (k_{LD}),

k_{RL} Reibungsbeiwert für Lagerreibung,

M_{St} Moment des Antriebes zur Blattverstellung unter Berücksichtigung der Trägheit, der Feder- und Dämpfungseigenschaften der Verstelleinrichtung sowie der Übersetzung zum Blatt und

M_{Bl} Widerstandsmoment bei Blattverstellung um die Längsachse mit Propellermomenten, aerodynamischen Anteilen, infolge der Blattdurchbiegung und der Pendelbewegung des Rotors.

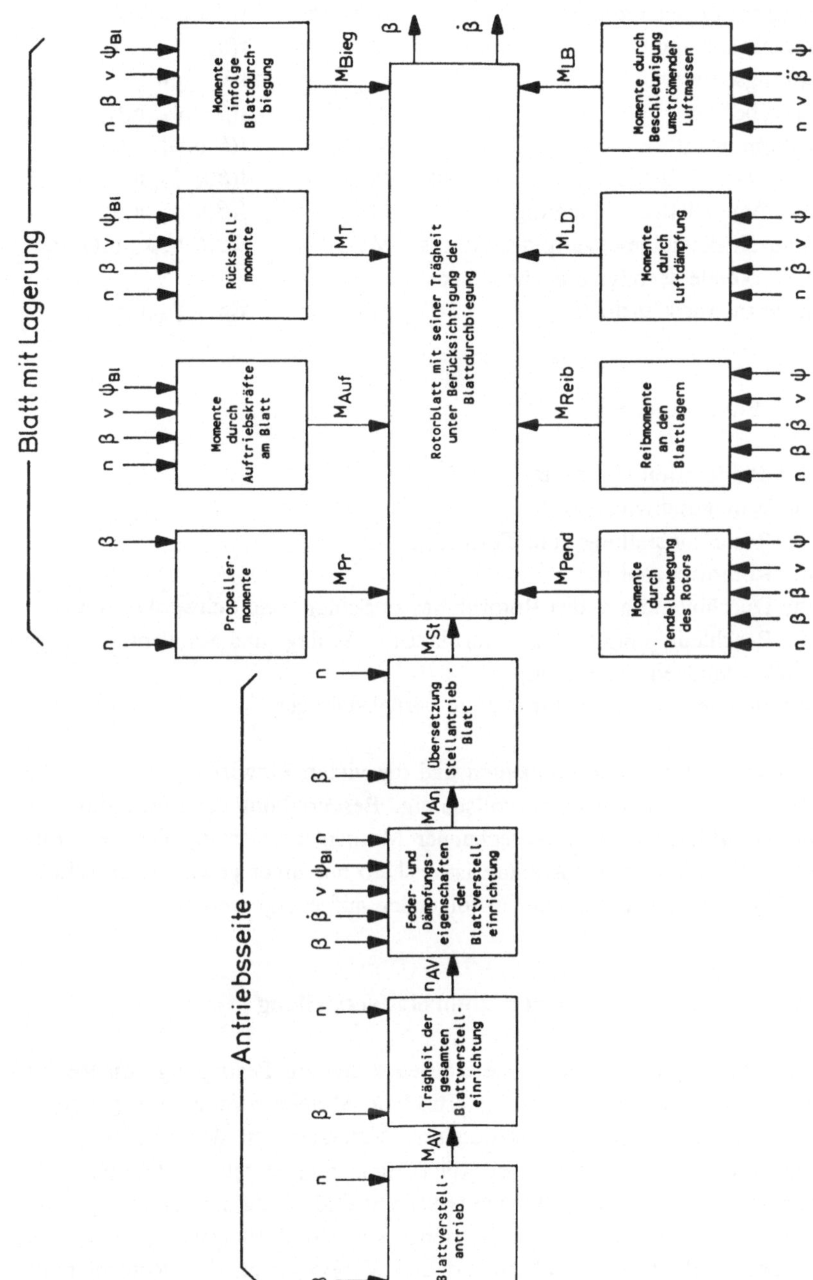

Bild 2.2.13:   Momente am Rotorblatt

Wesentliche Abhängigkeiten können angegeben werden für

das Luftmassenträgheitsmoment	J_{LB}	=	$f(v,\psi_{Bl},n,b_s,t)$,
das Massenträgheitsmoment	J_{Bl}	=	$f(\beta,v,\psi_{Bl},n,a_s,t)$,
den Dämpfungsbeiwert	k_{DB}	=	$f(v,\psi_{Bl},n,t)$,
den Reibungsbeiwert	k_{RL}	=	$f(\beta,v,\psi_{Bl},n,t)$,
das Propellermoment	M_{Pr}	=	$f(\beta,n,t)$,
das Moment durch Auftriebskräfte am Blatt	M_{Auf}	=	$f(\beta,v,\psi_{Bl},n,t)$,
Momente infolge Blattdurchbiegung	M_{Bieg}	=	$f(\beta,v,\psi_{Bl},n,a_s,t)$,
Momente durch Pendelbewegung des Rotors	M_{Pend}	=	$f(\beta,\dot{\beta},v,\psi_{Bl},n,t)$ und
Torsion bewirkende aerodynamische Rück- stellmomente in Anströmrichtung	M_T	=	$f(\beta,v,\psi_{Bl},n,t)$.

Hierbei sind Einflüsse durch

- den Blatteinstellwinkel β,
- die Windgeschwindigkeit v,
- die Rotorblattstellung zum Turm ψ_{Bl},
- die Rotordrehzahl n,
- die Durchbiegung a_s des Rotorblattes in Schlag- und Schwenkrichtung
- die Beschleunigung b_s des Rotorblattes in Schlag- und Schwenkrichtung
- die Zustandzeit t sowie durch
- Ableitungen genannter Größen zu berücksichtigen.

Die große Anzahl der Teilkomponenten und die vielen Einwirkungen lassen (bei vertretbarem Rechenaufwand) eine vollständige Beschreibung der Bewegungsvorgänge von Rotorblättern mit entsprechender Momentenerfassung nicht zu. Eine rechnerische Nachbildung der Abläufe ist deshalb nur unter gewissen Einschränkungen zu behandeln. Diese sollen im folgenden aufgezeigt werden.

2.2.2.3 Vereinfachte Struktur zur Rotorblattverstellung

Zur Dimensionierung eines Blattverstellantriebes und zur Festlegung von Reglerparametern sind Größe und Wirkung einzelner Momente möglichst genau zu erfassen. Berechnungen bei quasistationären Zuständen mit der Ableitung entsprechender Kennfelder erlauben bereits die Abschätzung extremer Situationen, die für Dimensionierungszwecke vielfach ausreichend sind. Dazu müssen alle genannten Momente bei unterschiedlichen Betriebszuständen Berücksichtigung finden, z.B. auch bei Rauhigkeitsveränderungen und Vereisung an den Rotorblättern. Dadurch werden insbesondere Momente durch Auftriebskräfte und Propellerwirkung sowie die Trägheit der Blätter beeinflußt. Derartig variable Betriebsbedingungen lassen sich am ehesten durch selbstoptimierende Regelungsverfahren auf den Standort zugeschnitten beherrschen. Durch Angleichung der wesentlichen Parameter können jedoch auch vereinfacht bereits gute Ergebnisse erzielt werden.

Für Untersuchungen zum Betriebsverhalten von Windkraftanlagen konnte zum Teil auf Kennlinienfelder für Widerstandsmomente zur Blattverstellung [2.13], [2.14], [2.15] zurückgegriffen werden. Dabei konnten Rückstellmomente, Momente durch Auftriebskräfte, Blattdurchbiegung und Propellerwirkung abhängig von der Windgeschwindigkeit, der Rotordrehzahl und dem Blatteinstellwinkel berücksichtigt werden. Eigene punktweise Berechnungen [2.16] und Nachbildungen haben ergeben, daß unterschiedliche Luftdämpfungen und Lagerreibungsverläufe bei sicherer Auslegung von Blattverstellantrieb und Reglern kaum Einflüsse auf das Gesamtverhalten mit sich bringen. Somit lassen sich wesentliche Vereinfachungen treffen.

Bei schlanken Kunststoff-Blättern überwiegen i.a. Torsionsmomente infolge der Blattdurchbiegung. Besonders steife Blätter in schwerer Bauweise werden hingegen in ihrem Verhalten meist durch die Propellermomente bestimmt. Eine Abschätzung der Einzelmomente unter Berücksichtigung der konstruktiven Gegebenheiten läßt die wesentlichen Beiträge erkennen und gibt Hinweise auf mögliche weitere Vereinfachungen.

Unter Vernachlässigung wenig relevanter Anteile können zum Ausgleich dominierende Momente z.B. mit einem Sicherheitszuschlag versehen und zu einem Gesamttorsionsmoment M_{Bl} zusammengefaßt werden.

Bei starrer Momentübertragung vom Verstellantrieb zum Rotorblatt können auch Feder- und Dämpfungseigenschaften dieser Strecke außer Acht gelassen und die Trägheit des Verstellantriebes dem Rotorblatt zugeordnet werden.

Die so vereinfachte Struktur der Momente zur Blattverstellung, die elektromotorisch bzw. hydraulisch erfolgen kann, ist in Bild 2.2.14 dargestellt. Dabei gibt I_{stell} den vom Regler vorgegebenen elektrischen Strom bzw. die hydraulische Durchflußmenge zur Verstellung der Rotorblätter an. Durch den Turm hervorgerufene Strömungsveränderungen infolge von Staueffekten bei Luvläufern bzw. Schatteneffekten bei Leeanordnung der Turbine lassen sich in die Berechnungen einbeziehen. Veränderungen der Übersetzung z.B. zwischen linearer Antriebswirkung und radialer Blatteinstellung sind ebenfalls berücksichtigt. Somit lassen sich unter den zuletzt genannten Annahmen die Rotorblattverstellung und die Leistungsregelung der Windturbine mit angemessenem Aufwand auslegen.

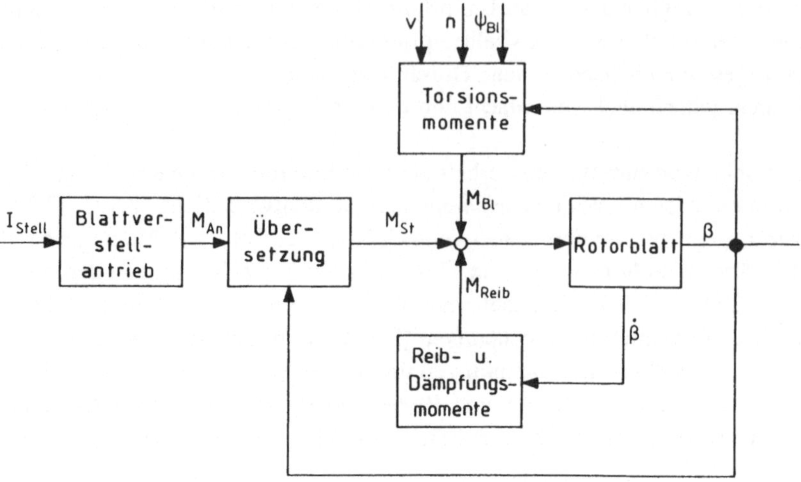

Bild 2.2.14: Vereinfachte Struktur zur Rotorblattverstellung

2.2.3 Leistungsbegrenzung durch Stallbetrieb

Die überwiegende Zahl aller momentan installierten Windkraftanlagen in der
10 kW- und 100 kW-Klasse, die in Versorgungsnetze einspeisen, werden ohne
Blattverstellung durch sog. Stallregelung in ihrer Leistungsaufnahme begrenzt.
Derartige Anlagen sind i.a. mit Asynchrongeneratoren ausgerüstet.

Im Normalbetrieb herrscht an den Rotorblättern laminare Strömung vor. Dabei
werden dem Anströmwinkel entsprechende Auftriebswerte bei geringen Wider-
standsanteilen erreicht. Somit lassen sich in diesem Teillastbereich große aerodynamische Wirkungsgrade erzielen.

Nähert sich hingegen die Windgeschwindigkeit dem Wert, bei dem der Generator
seine maximale Dauerleistung (i.a. die Nennleistung) erreicht, muß eine weitere
Drehmomentenerhöhung am Rotor verhindert werden. Durch weitgehend netzstarre
Generatorankopplung wird die Windturbine (innerhalb des relativ engen Schlupfbe-
reiches der Asynchronmaschinen) durch den Generator nahezu drehzahlkonstant
betrieben. Über den Nennwert ansteigende Windgeschwindigkeiten führen zu
größeren Anströmwinkeln und somit bei entsprechender Auslegung zum Strömungsabriß, dem sog. Stallbetrieb am Blattprofil bzw. an Teilbereichen der
Blätter. Je nach Verhalten des Auftriebs- und Widerstandsbeiwertes in Abhängigkeit vom Anströmwinkel (c_a, c_w = f (α)) werden dadurch die Auftriebskräfte in
gewissen Bereichen verringert und die Widerstandsanteile erhöht.

Somit ergeben sich im Vollastbetrieb der Turbine bei Windgeschwindigkeiten über dem Nennbereich trotz größerem Energieangebot kleinere Windraddrehmomente bzw. niedrigere Leistungsbeiwerte.

Die Leistungscharakteristik derartiger Anlagen ist demnach weitestgehend durch die Konstruktion festgelegt.

Auf die komplexen aerodynamischen und schwingungstechnischen Vorgänge im Stallbetrieb soll im Rahmen dieser Betrachtungen nicht eingegangen werden.

Gezielte Eingriffe auf den Energiefluß im Versorgungssystem, wie sie z.B. beim Inselbetrieb von Windkraftanlagen im Teillastbereich anzustreben sind, können nach Bild 1.2.b bei derart drehzahlstarren Einheiten nicht ausgeführt werden. Durch Veränderung der Turbinendrehzahl mit Hilfe des Generators (s. Bild 2.3.3) läßt sich jedoch der Stallbereich und somit die Windradleistung rückwirkend beeinflussen und entsprechend der Rotorblattverstellung auf die gewünschten Erfordernisse angleichen.

2.2.4 Leistungsanpassung durch Drehzahleinstellung

Die Turbinendrehzahl einer Windkraftanlage kann trotz gleichbleibender Netzfrequenz

- bei konstanter Generatordrehzahl über mechanische Anpassung durch Variation der Getriebeübersetzung bzw.
- bei veränderbarer Drehzahl im gesamten Triebstrang (Windrad, Getriebe, Generator) über elektrische Angleichung durch Frequenzumrichter

beeinflußt und somit nach Abschnitt 3.2 auf Netz- und Betriebserfordernisse eingestellt werden. Über die Windraddrehzahl läßt sich die Turbinenleistung

- dem Windangebot entsprechend in maximale Bereiche bringen oder
- bei Bedarf vermindern und somit den Einspeise- bzw. Verbraucheranforderungen anpassen.

Derartige Verfahren kommen momentan bei Anlagen im 50 kW- bis MW-Bereich unter Anwendung von Stromrichtereinheiten (Gleichrichter/netzgeführter Wechselrichter) für die erforderliche Frequenzumformung zum Einsatz. Diese Ausführungen erlauben im Rahmen ihrer Auslegung

- ohne Rotorblattverstellung - also auch bei Stallregelung - weitgehend leistungsoptimalen Betrieb innerhalb des Teillastbereiches und
- Leistungsverminderungen an der Turbine in bestimmten Betriebszuständen.

Weiterhin können mit Hilfe flexibler Netzkopplung bei Windangebotsschwankungen unter Ausnutzung der rotierenden Massen des Triebstranges (Windrad, Getriebe, Generatorläufer) durch

- Drehzahlausweichvorgänge
- dynamische Belastungen im gesamten System - insbesondere im mechanischen Triebstrang -

abgebaut werden. Dabei können über den Stromrichter sehr kurzfristige Eingriffe am Generator erfolgen, die den gestellten Anforderungen und Wünschen entsprechend über den Triebstrang Einwirkungen auf die Windturbine nach sich ziehen.

Eingehende Ausführungen [2.16] zu

- möglichen Auslegungsaspekten und
- Regelungsverfahren sowie
- dynamische Vorgänge und Verhaltensweisen

in derartigen Systemen sollen im Rahmen dieser Darstellungen nicht betrachtet werden.

2.3 Mechanischer Triebstrang

Am mechanischen Triebstrang bzw. am Generator einer Windkraftanlage werden durch die Antriebsleistung der Windturbine Drehmomente hervorgerufen, die infolge nichtperiodischer und periodischer Vorgänge, wie

- Windgeschwindigkeitsänderungen,
- Turmschatten- bzw. Turmstaueffekte,
- Blattunsymmetrie,
- Blattschlag- und Blattschwenkbiegung,
- Turmschwingung

o.ä. Einflüssen und Schwankungen unterworfen sind. Einwirkungen durch Getriebe etc. sind ebenfalls möglich.

Andererseits wirken Lastmomente des Generators aufgrund der

- stationären und
- dynamischen sowie der
- elektromechanischen Verhaltensweise

auch über den mechanischen Triebstrang in Richtung Windturbine zurück.

Die Wechselwirkung aller Drehmomenteinflüsse bestimmt in Verbindung mit den schwungmomentabhängigen Beschleunigungsanteilen die Zustände im mechanischen Triebstrang.

Die Turbineneinwirkungen, die hier nicht näher quantifiziert werden sollen, sind abhängig von den

- Windverhältnissen am Aufstellungsort, d.h. von der
  · Windgeschwindigkeit sowie deren
  · Gradienten (Böigkeit und Turbulenz) und von

- konstruktiven Gegebenheiten der gesamten Windkraftanlage.
  · Turmschatten- bzw. Turmstaueffekte
    gehören insbesondere als ganzzahlige Vielfache der Rotordrehfrequenz
    und Blattzahl dazu. Durch sie hervorgerufene Drehmomentschwankun-
    gen im Hertzbereich sind i.a. bei Leeläufern stärker ausgeprägt als bei
    Luvanordnungen. Lastwechselkomponenten infolge
  · Rotorunsymmetrie, die entsprechend der Rotorfrequenz einwirkt,
  · Blattschlag- und Blattschwenkbiegung sowie
  · Turmschwingungen,

die den jeweiligen Eigenfrequenzen u.ä. Einflüssen unterliegen, sich der Windgeschwindigkeit überlagern und somit zusätzlich in ihrer Auswirkung im Windgra-
dienten äußern, spielen i.a. eine untergeordnete Rolle (Messungen ergaben
$\Delta M < 5\ \%\ M_N$) [2.17].

Drehmomentschwankungen mit den Zahneingriffsfrequenzen der einzelnen Getrie-
bestufen sind ebenfalls möglich und können, wie Messungen zeigten, in ungünstigen Fällen durchaus $\pm\ 10\ \%$ des Nennmomentes betragen [2.18].

Einen besonders großen Einfluß hat der Aufbau und die Art der Kopplung des Generators mit dem Netz bzw. der Elastizitätsgrad des Gesamtsystems.

Nach Bild 1.2.a) und b) wirken auf den mechanischen Triebstrang einerseits das Antriebsmoment der Windturbine M_A und andererseits das Widerstandsmoment des Generators M_W ein. Darüber hinaus besteht zwischen diesen Hauptkomponenten über die mechanischen Verbindungselemente eine Drehzahl- bzw. Drehwinkelkopplung. Der Momentdifferenz entsprechend werden die rotierenden Massen der Rotorblätter, der Nabe, des Getriebes, der Bremsscheibe, der Kupplungen und Wellen sowie des Generatorläufers beschleunigt.

Die Steifigkeit und die Dämpfungscharakteristik der einzelnen Komponenten sowie mögliches Getriebe- und Kupplungsspiel haben entscheidenden Einfluß auf das Verhalten der Übertragungskette.

Untersuchungen an entworfenen und ausgeführten Anlagen haben gezeigt, daß i.a. die Trägheit des Getriebes sowie der Bremsscheiben, Kupplungen und Wellen gegenüber den dominierenden Anteilen der Rotorblätter, der Nabe und des Generatorläufers eine untergeordnete Rolle spielen. Relevante Trägheitsanteile können, falls erforderlich, je nach ihrer Wirkung, vereinfacht der niedertourigen Seite (Nabe, Rotorblätter) bzw. dem schnellrotierenden Teil (Generatorläufer) zugerechnet werden oder entsprechend der Kopplung durch Mehrmassensysteme Berücksichtigung finden.

Aufgrund zu erwartender Stoßbelastungen und möglicher Umkehr des Energieflusses sind Getriebe- und Kupplungsspiel zu vermeiden bzw. sehr klein zu halten. Sie sollen daher in den folgenden Ausführungen vernachlässigt werden.

Zur näherungsweisen Bestimmung des Übertragungsverhalten können für den mechanischen Triebstrang - was Rechnungen anhand ausgeführter Anlagen gezeigt haben - Getriebe, Kupplungen etc. entsprechend der geringen Trägheitsanteile im Gesamtsystem i.a. als masselos angenommen werden. Somit sind nur die beiden elastisch und dämpfend miteinander gekoppelten Anteile "Windrad" und "Generatorläufer" zu berücksichtigen (s. Bild 2.3.1). Reibungsanteile im Triebstrang werden vernachlässigt.

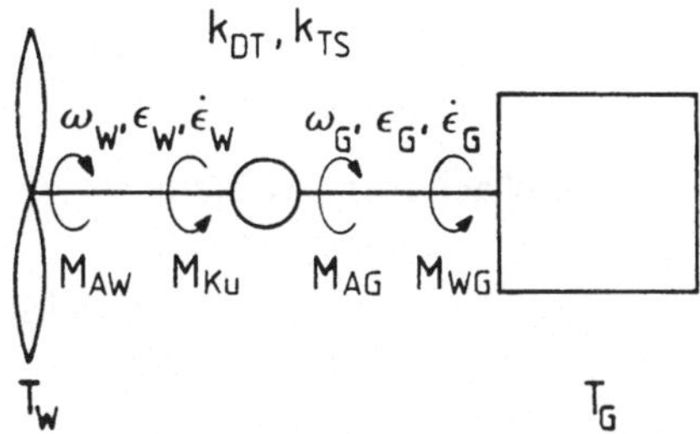

Bild 2.3.1: Vereinfachter mechanischer Triebstrang

Das Drehmoment an der Generatorkupplung M_{Ku} läßt sich mit der vereinfachten Beziehung

$$M_{Ku} = k_{TS} \left(e_W - e_G \right) + k_{DK} \frac{d\left(e_W - e_G \right)}{dt} \quad \text{bzw.} \qquad (2.3.1)$$

$$M_{Ku} = M_{TT} + M_{TD} \qquad (2.3.2)$$

als Momentensumme aus torsionselastischen (M_{TT}) und dämpfenden (M_{TD}) Eigenschaften darstellen.

Dabei sind:

M_{AW}	Antriebsmoment am Windrad
M_{AG}	Antriebsmoment am Generator
M_{Ku}	Kupplungsdrehmoment am Generator
M_{TD}	dämpfende Anteile des Triebstrangmomentes
M_{TT}	torsionselastische Anteile des Triebstrangmomentes
M_{WG}	elektrisches Widerstandsmoment am Generator
ϵ_W	Drehwinkel des Windrades
ϵ_G	Drehwinkel des Generatorläufers
$\Delta\epsilon = \epsilon_W - \epsilon_G$	Torsionswinkel
k_{TS}	Torsionssteifigkeit
k_{DK}	Dämpfungskonstante
T_G	Hochlaufzeitkonstante des Generators
T_W	Hochlaufzeitkonstante des Windrades

52

Im stationären Betrieb ist d $(\epsilon_W - \epsilon_G)/dt = 0$, so daß sich das Kupplungsdrehmoment auf den torsionselastischen Anteil

$$M_{Ku} \; = \; M_N \; = \; M_{TT} \; = \; k_{TS}\left(\epsilon_W - \epsilon_G\right) \tag{2.3.3}$$

reduziert. Somit kann die Torsionssteifigkeit des mechanischen Triebstranges

$$k_{TS} \; = \; \frac{M_{Ku}}{\epsilon_W - \epsilon_G} \; = \; \frac{M_{Ku}}{\Delta\epsilon} \tag{2.3.4}$$

bei statischer Beaufschlagung der Komponenten aus der relativ einfach meßbaren Winkeldifferenz der Übertragungsglieder ermittelt werden.

Bild 2.3.2 zeigt eine mögliche Struktur obiger Momentengleichung unter Einbeziehung der rotierenden Massen des Windrades (J_W bzw. T_W) einerseits und der Trägheit des Generatorläufers (J_G bzw. T_G) andererseits.

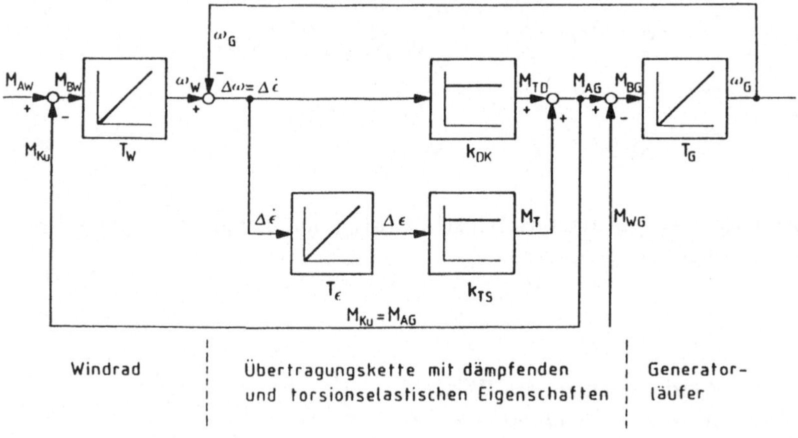

Bild 2.3.2: Struktur des mechanischen Triebstranges

Hierbei sind:

M_{BG} — Beschleunigungsmoment am Generator

M_{BW} — Beschleunigungsmoment am Windrad

$T_\epsilon = p/\omega_0$ — Zeitkonstante des Integrators zur Bestimmung des Torsionswinkels (generatorseitig)

ω_G — Winkelgeschwindigkeit des Generators

ω_W — Winkelgeschwindigkeit des Windrades

Dabei werden Momente und Winkelgeschwindigkeitswerte unter Berücksichtigung des Übersetzungsverhältnisses i.a. auf die Generatorseite bezogen.

Ausgeführte Anlagen weisen, wie Untersuchungen zeigen, nennenswerte Torsionswinkel (z.B. $\Delta\epsilon = \pi/4$ bei Nennmoment) auf. Diese sind zwar für die Auslegung des Triebstranges von erheblicher Bedeutung, was aber nicht Gegenstand hier angestellter Betrachtungen zur näherungsweisen Bestimmung des Übertragungsverhaltens sein soll. Bei normaler Auslegung kann bei Windkraftanlagen mit Hochlaufzeitkonstanten im Zehn-Sekundenbereich gerechnet werden (s. Abschnitt 2.4). Die Verzögerungszeiten in ihrer Übertragungskette liegen dagegen im ms-Bereich.

Damit läßt sich der mechanische Triebstrang aufgrund der großen Zeitkonstantenunterschiede mit guter Näherung als völlig steife Übertragung charakterisieren, d.h. mit proportionalem Verhalten beschreiben. Dementsprechend können dann die Massenträgheitsmomente aller rotierenden Anlagenteile unter Berücksichtigung ihrer Übersetzung zusammengefaßt werden. Dabei wird bevorzugt die Generatorseite als Bezugsbereich gewählt.

Somit ergibt sich die einfache Momentenbeziehung am Triebstrang

$$\frac{M_{AW}}{M_N} - \frac{M_{WG}}{M_N} = \frac{M_{BR}}{M_N} = T_R \frac{d\left(\dfrac{\omega}{\omega_N}\right)}{dt} \qquad (2.3.5)$$

mit der Integrations- oder Hochlaufzeitkonstanten des Rotorsystems

$$T_R = \frac{J_R \, \omega_N}{M_N} \approx T_W + T_G \ , \qquad (2.3.6)$$

wobei

J_R	Trägheitsmoment aller rotierenden Massen,
M_{BR}	Beschleunigungsmoment der rotierenden Teile,
M_N	Nennmoment und
ω_N	als Nennwinkelgeschwindigkeit

zu setzen sind.

Für interessierende Fälle (z.B. Dimensionierungszwecke am Triebstrang) können die Beschleunigungsmomente M_{BR} am gesamten Rotorsystem entsprechend der Trägheit ihrer Einzelmassen, wie in Bild 2.2.1 auf die Windradseite

54

$$M_{BW} = (1 - k_T) \, M_{BR} \qquad\qquad (2.3.7)$$

und nachfolgende Triebstrangbereiche (Generator)

$$M_{BT} = k_T \, M_{BR} \qquad\qquad (2.3.8)$$

aufgeteilt werden.

Übertragungsverluste lassen sich entweder bereits bei der Antriebsmomentbildung berücksichtigen oder durch einen zusätzlichen Strukturblock, wie in Bild 2.3.3 dargestellt, in den Triebstrang einbeziehen. Dabei charakterisiert die Eingangsgröße M_{AT} das Antriebsmoment des Triebstranges, welches noch um seine Verluste zu reduzieren ist.

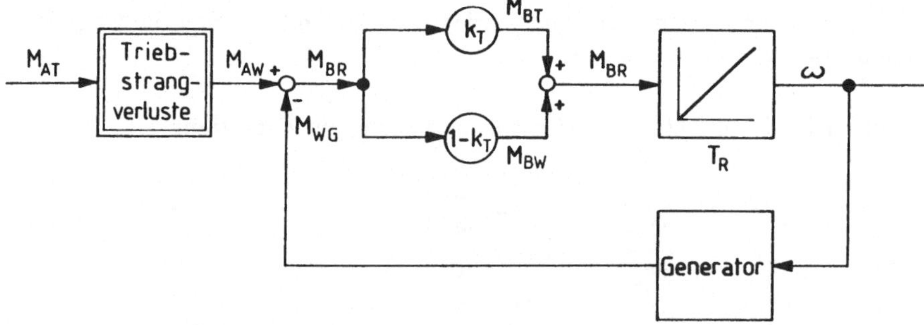

Bild 2.3.3: Stark vereinfachte Struktur des mechanischen Triebstranges

Bild 2.3.3 verdeutlicht die in Abschnitt 2.2.3 und 2.2.4 angesprochenen Möglichkeiten der Turbinendrehzahleinstellung mit Hilfe des Generators. Hieran anschliessend lassen sich die in Abschnitt 3 aufgezeigten Möglichkeiten der mechanisch-elektrischen Energiewandlung durch Generatoren ausrichten.

2.4 Windturbinen - Systemdaten

Die folgenden Anhaltswerte für wesentliche physikalische Größen des mechanischen Konverters (Windturbine, Triebstrang) erlauben Abschätzungen und Berechnungen zum dynamischen Verhalten des Gesamtsystems. Diese Werte sind in Form des Nomogramms Bild 2.4.1 angegeben.

Luftströmungen haben in ihrem üblichen Windgeschwindigkeitsbereich nur geringe Energiedichte aufzuweisen. Windenergiekonverter benötigen daher relativ große

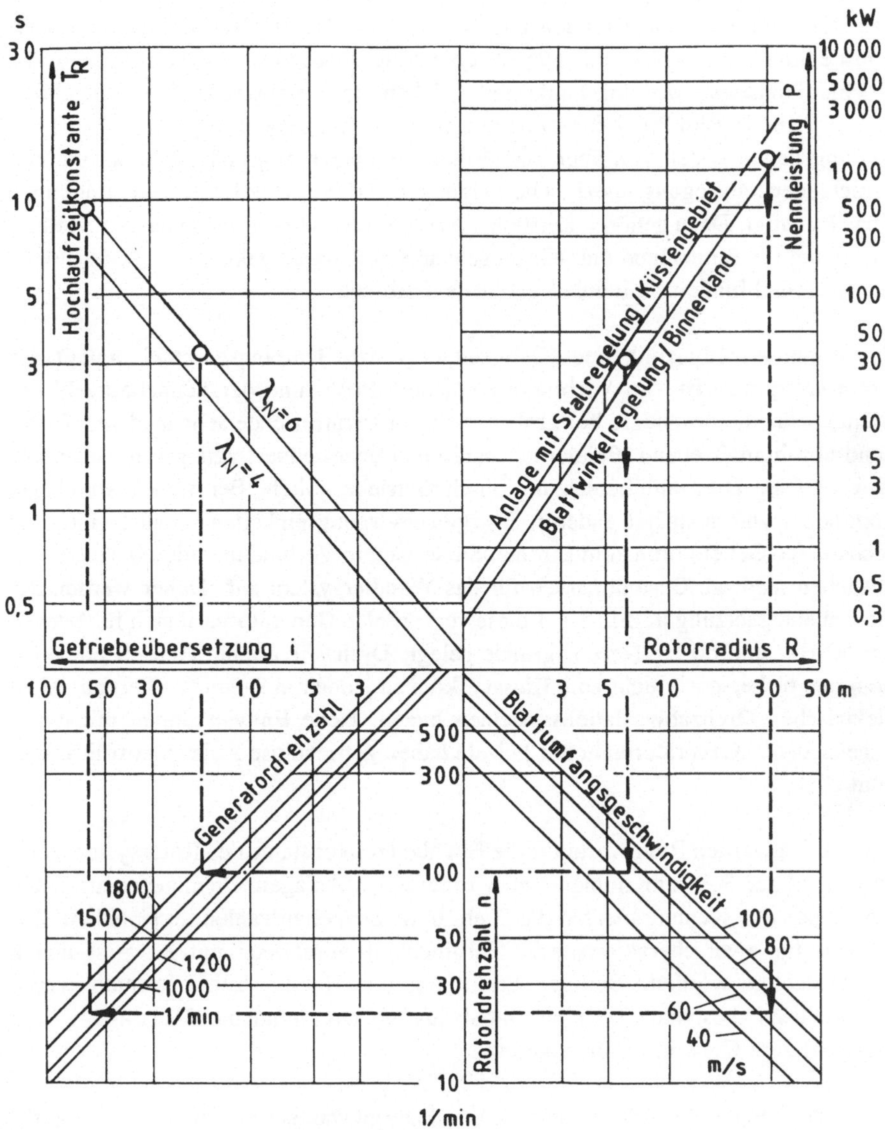

Bild 2.4.1:   Richtwerte für Windturbinensysteme
– – – – – –   WKA-60
– · — · —   AEROMAN12,5

Turbinendurchmesser mit niedrigen Drehzahlen und erfordern dementsprechend großen Bauaufwand.

Die Richtwerte für die Nennleistung, den erforderlichen Rotorradius, konstruktionsbedingte Rotordrehzahl und resultierende Getriebeübersetzung sowie die Hochlaufkonstante des mechanischen Triebstranges (Abschnitt 2.3, Gleichung (2.3.6)) sind in Bild 2.4.1 für Systemuntersuchungen zusammengestellt. Der Darstellung liegen Daten von über 100 Windkraftanlagen zugrunde. Hierbei wurden verschiedene auslegungsspezifische Parameter und konstruktive Randbedingungen berücksichtigt. Dazu gehören Leistungs- bzw. Radius-Unterschiede bei der Systemauslegung für Binnenland und Küstengebiete sowie daran geknüpfte Überlegungen für stall- und blatteinstellwinkel geregelte Turbinen.

Die durch Aerodynamik und Festigkeit begrenzte Umfangsgeschwindigkeit der Rotorblattspitzen ist - in Verbindung mit dem Profil und der Schnellaufzahl der Blätter - für die besonders bei großen Anlagen anzutreffende sehr niedrige Turbinendrehzahl maßgebend. Bei der mechanischen Energieübertragung zum Generator ist eine feste Drehzahlübersetzung durch Getriebe üblich. Bei Windkraftanlagen kommen - wie auch bei anderen Energieversorgungseinheiten - meist vier- und sechspolige Generatoren zum Einsatz. Sie weisen in Verbindung mit Übersetzungsgetrieben niedrige Gesamtmassen für das Wandlersystem auf. Daher werden der Getriebeübersetzung in Bild 2.4.1 diese verbreiteten Generatorvarianten für Betrieb am 50 Hz- und 60 Hz-Netz zugrunde gelegt. Drehzahlvariable Getriebeeinheiten kommen bisher noch nicht zum Einsatz, können jedoch in Zukunft Alternativen zu elektrischen Drehzahlvariationssystemen bieten. Neue Entwicklungen mit direkt angetriebenen Generatoren hoher Polzahl haben getriebelose Anlagenausführungen zum Ziel.

Schließlich werden Richtwerte für die Hochlaufzeitkonstante des Rotorsystems entsprechend der Schwungmomente aller rotierenden Anlagenteile angegeben. Dabei sind neben den Nennmomenten die Dreh- bzw. Schnellaufzahlen im Nennbetriebszustand für zwei charakteristische Turbinenkonfigurationen mit $\lambda_N = 4$ und 6 berücksichtigt worden. Bei der Ermittlung der Hochlaufzeitkonstanten wurde entsprechend Abschnitt 2.3 eine kraftschlüssige Drehmomentenübertragung vom Windrad zum Generator vorausgesetzt.

Die vorstehenden Ausführungen zum Windenergiewandler enthalten alle wesentlichen Angaben, die in den folgenden Betrachtungen der mechanisch-elektrischen Energiewandlung zu berücksichtigen sind.

3 Mechanisch-elektrische Energiewandlung durch Generatoren

Für Untersuchungen zur Wirkungsweise und zum Verhalten von Windenergieanlagen kommt dem Generator als widerstandsmomentbildendem Teil entsprechend
seiner Lage und Verknüpfungen (s. Bild 1.1) zentrale Bedeutung zu.

Windkraftwerke sollen global gesehen, wie andere elektrische Energieversorgungseinrichtungen mit vergleichbarem Leistungsvermögen (z.B. Wasserkraftanlagen,
Gas- und Dieselaggregate),

- einfach bedienbar sein,
- hohe Lebensdauer aufweisen,
- geringen Wartungsaufwand und möglichst
- niedrige Anschaffungskosten haben.

Diese Ansprüche erfordern die Wahl eines geeigneten Generators. Bei Windkraftanlagen kommen daher für die mechanisch-elektrische Energiewandlung im wesentlichen - aufgrund ihrer robusten Ausführungsmöglichkeiten - nur Asynchron- und
Synchrongeneratoren zum Einsatz. Bei der Wahl kommt den durch das Umfeld
gegebenen Randbedingungen mit den daraus resultierenden Anforderungen an die
elektrische Maschine sowie den am Generator entstehenden Drehmomenten besondere Bedeutung zu.

3.1 Randbedingungen und Anforderungen zum Generatoreinsatz

Durch die Windenergiezufuhr entsprechend der Luftströmung sowie durch die
Eigenschaften des Windrades wird einerseits die Antriebsmomentcharakteristik
vorgegeben; Forderungen und soweit möglich auch Wünsche von Energieversorgungsunternehmen oder Verbrauchern müssen andererseits an der Schnittstelle
zwischen mechanischen und elektrischen Wechselwirkungen, dem Generator,
Berücksichtigung finden. Darüber hinaus muß insbesondere hier den speziellen
Belangen von Windkraftanlagen Rechnung getragen werden.

Ansätze, den Generator am Turmfuß unterzubringen, waren bei Horizontalachsenanlagen z.B. durch Torsionsschwingungen bei der Wellenübertragung stets mit
Schwierigkeiten behaftet. Hier wird daher der Generator im Turmkopf unterge-
bracht. Im Hinblick auf Baukosten und Turmschwingungen ist eine niedrige
Generatormasse anzustreben. Günstige Verhältnisse werden, wie in Abschnitt 2.4
erwähnt, mit vier- und sechspoligen Drehfeldmaschinen in Verbindung mit Getrie-
ben erzielt.

58

Periodische Einwirkungen infolge Strömungsstörungen am Turm, Unsymmetrien am System u.ä. sowie nichtperiodische Einflüsse durch Windgeschwindigkeitsänderungen wie Böen etc. bringen i.a. hohe Bauteilbeanspruchungen mit sich. Diese sind soweit möglich zu vermeiden, da die Lebensdauer wesentlich durch die Beaufschlagung von Komponenten beeinflußt wird.

Momentenstöße im Triebstrang, die sich mechanisch bis in die Maschinenverankerungen auswirken und elektrisch über die Wicklungen ins Netz fortsetzen, hängen ganz wesentlich vom Elastizitätsgrad, d.h. vom Drehmoment-Drehzahl-Gradienten des Generators ab. Für den Einsatz in Windkraftanlagen sind daher drehzahlnachgiebige, möglichst nicht starr gekoppelte mechanisch-elektrische Wandlersysteme von Vorteil. Durch völlige Entkopplung der Turbinen- bzw. Rotordrehzahl vom Netz lassen sich darüber hinaus durch Drehzahlanpassung größere Effektivität im Teillastbereich oder auch niedrigere Leistungsentnahme aus dem Wind bei geringerem Energiebebarf erreichen.

Verfügbarkeitsfragen sind für Energieversorgungseinheiten im Hinblick auf die Versorgungssicherheit sowie zur Dimensionierung und Auslastung von Speicher- und Ersatzanlagen von entscheidender Bedeutung. Sie beeinflussen erheblich den Kapitaleinsatz und die Betriebswirtschaftlichkeit von Gesamtsystemen. Hierbei nehmen die Windverhältnisse am Aufstellort eine bedeutende Rolle ein. Die Energielieferung von Windkraftanlagen sollte bei niedrigen Windgeschwindigkeiten beginnen und zur Deckung kleiner Grundlasten aufrecht erhalten werden können. Hierzu müssen Stillstandsmomente klein gehalten werden, die infolge der Haftreibung in den Lagerungen und in evtl. vorgesehenen Bürsten etc. auftreten sowie aufgrund von Reluktanzeffekten hauptsächlich bei permanentmagnet-erregten Maschinen hervorgerufen werden. Weiterhin sind vom Generator geringe Leerlauf- und Erregerverluste sowie hohe Wirkungsgrade insbesondere auch im unteren Teillastbereich zu fordern.

Systeme zur Umwandlung der mechanisch angebotenen Turbinenleistung in Elektrizität, die eine Einbindung der Windenergie in elektrische Versorgungskonzeptionen erlauben und die vorstehenden Bedingungen und Anforderungen berücksichtigen, werden im folgenden dargestellt. Aus eigenen Untersuchungen und Erfahrungen mit diesen Systemen werden Verbesserungsvorschläge entwickelt.

3.2 Energiewandlersysteme

Als Generatoren zur mechanisch-elektrischen Energiewandlung kommen im wesentlichen nur Drehfeldmaschinen zum Einsatz. Dabei sind hauptsächlich

- Asynchron- und
- Synchrongeneratoren mit
- direkter Netzanbindung sowie mit
- vollständiger oder
- teilweiser (läuferseitiger) Stromrichterkopplung

von Bedeutung. Weiterhin muß unterschieden werden zwischen Generatorsystemen, denen Erregungs- oder Blindleistung vom Netz zugeführt werden muß und somit aufgrund der Wirkleistungseinspeisung nur

- netzstützend wirken können, bzw.
- netzbildenden Anlagen,

die Möglichkeiten zur Spannungs- und Blindleistungseinstellung bzw. -regelung besitzen. Alle wesentlichen Konfigurationen zur mechanisch-elektrischen Energiewandlung sind in Bild 3.2.1 in Anlehnung an [3.1] in erheblich erweiterter Form dargestellt, so daß in den nachfolgenden Abschnitten auf die jeweiligen Konstellationen Bezug genommen werden kann.

Vom elektrischen Energieabnehmer (z.B. Netz) werden an die Frequenz, Spannung, den Oberschwingungsgehalt etc. meist enge Toleranzgrenzen gestellt. Diese lassen sich je nach Auslegungsvariante mit stark unterschiedlichen Maßnahmen erreichen. Die Konzeptionen a) und g) (s. Bild 3.2.1) stellen weitgehend starre Netzkopplungen dar. Durch die Einbindung leistungselektronischer Baugruppen und zugehörige regelungstechnische Maßnahmen lassen sich bei allen weiteren hier gezeigten Systemen - durch den Aufbau bedingt - in unterschiedlicher Variationsbreite mechanische Drehzahl und elektrische Frequenz bzw. Spannung bei Drehstrom- bzw. Gleichstromsystemen voneinander entkoppeln. Weiterhin kann kurzfristiger Energieausgleich bei Böen geschaffen und somit dynamische Entlastung der mechanischen Komponenten erreicht werden. Neben der stets angestrebten Wirkleistungsregelung erlauben die Varianten f) und g) auch eine geregelte Blindleistungslieferung. Diese Systeme können also zur Bildung bzw. Stützung elektrischer Drehstromnetze eingesetzt werden, ebenso wie die Konzeption h) bei Gleichstromversorgungen.

Prinzipiell mögliche Betriebsbereiche o.g. Drehfeldmaschinen sollen im folgenden kurz dargestellt werden.

60

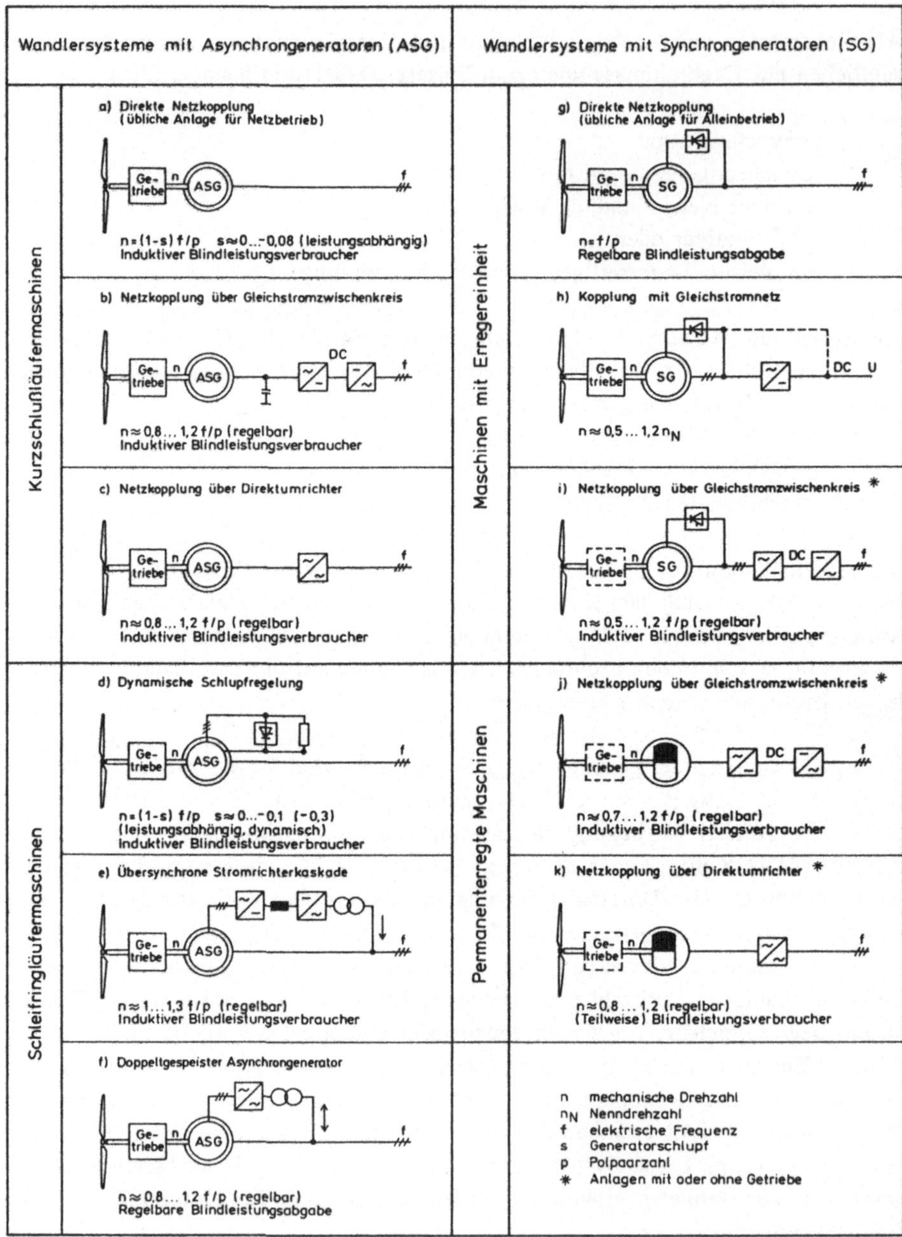

Bild 3.2.1: Mechanisch-elektrische Energiewandlersysteme

3.3 Betriebsbereiche von Asynchron- und Synchrongeneratoren

Vom Aufbau, der Wirkungsweise und von den Spannungsgleichungen der Asynchron- und Synchronmaschinen (mit Vollpolen) ausgehend, lassen sich die allgemein bekannten Ersatzstromkreise nach Bild 3.3.1a) und b) für einen Strang der Generatoren angeben.

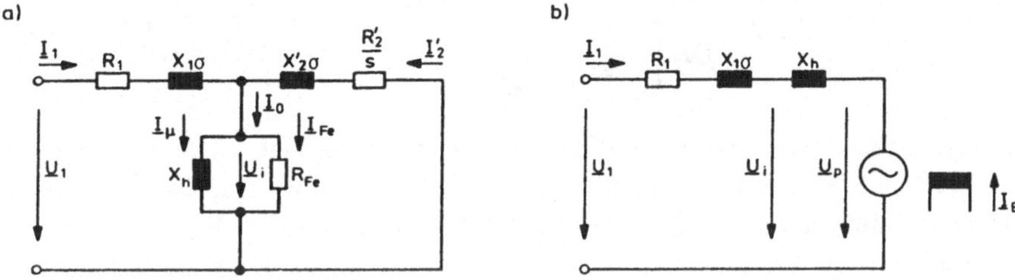

Bild 3.3.1: Ersatzschaltung für einen Strang von Asynchron-(a) und Synchronmaschinen (b)

Durch Vernachlässigung der

- Eisen- und Reibungsverluste bei Asynchronmaschinen sowie der
- Widerstandsverluste ($R_1 = 0$) bei Synchronmaschinen

ergeben sich die vereinfachten Ersatzschaltbilder nach Bild 3.3.2.

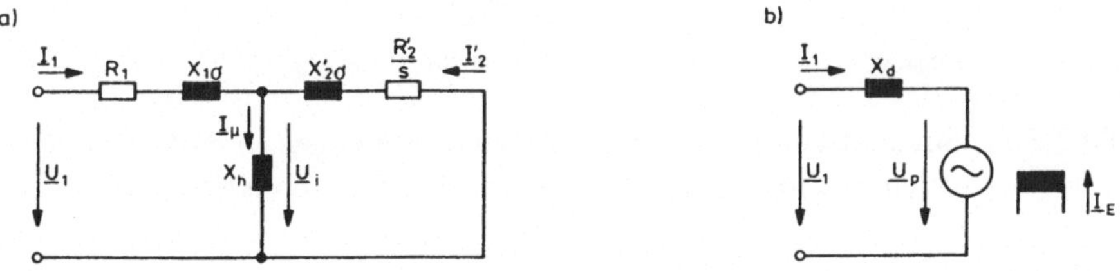

Bild 3.3.2: Vereinfachte Ersatzschaltung für einen Strang von Asynchron-(a) und Synchronmaschinen (b)

62

Durch Zusammenfassen der Reaktanzen

$$X_1 = X_h + X_{1\sigma} \quad \text{und} \quad X_2' = X_h + X_{2\sigma}' \qquad \text{bzw.} \qquad X_d = X_h + X_{1\sigma} \qquad (3.3.1)$$

lassen sich die Statorströme in der gebräuchlichen Form

$$\underline{I}_1 = \frac{\dfrac{R_2'}{s} + jX_2'}{(R_1 + jX_1)\left(\dfrac{R_2'}{s} + jX_2'\right) + X_h^2}\, \underline{U}_1 \qquad \text{bzw.} \qquad \underline{I}_1 = -j\frac{\underline{U}_1}{X_d} + j\frac{\underline{U}_p}{X_d} \qquad (3.3.2)$$

für Asynchron- sowie analog für Synchronmaschinen angeben. Hieraus können die vereinfachten Stromortskurven nach Bild 3.3.3 abgeleitet werden. Diese lassen die Zusammenhänge zwischen den mechanischen Eingangsgrößen Drehmoment und Drehzahl (s. Bild 3.4.1 bzw. Gl. (3.4.8) u. (3.4.9)) sowie den elektrischen Ausgangswerten Strom, Spannung und Abgabeleistung erkennen.

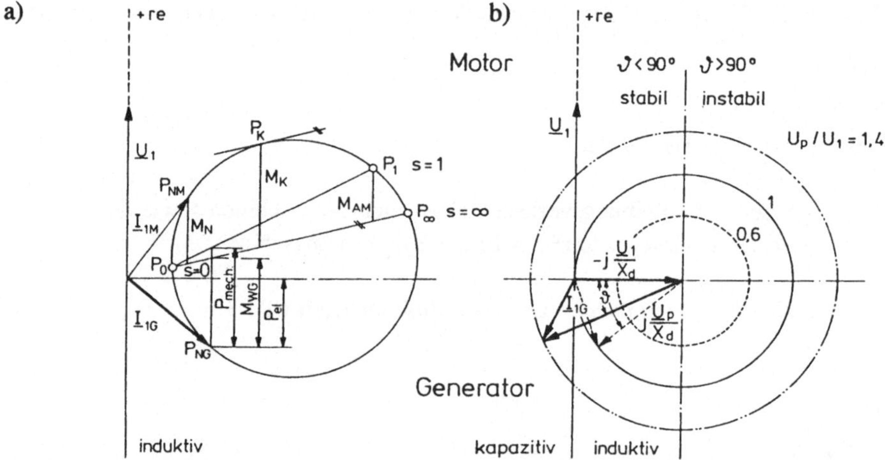

Bild 3.3.3:   Stromortskurven in vereinfachter Form für Asynchron-(a) und Synchronmaschinen (b) im Netzbetrieb (U_1, f = konstant)

Dabei sind

I_{1M} Statorstrom im Motorbetrieb,
I_{1G} Statorstrom im Generatorbetrieb,
M_{WG} Widerstandsmoment des Generators,
P_{el} elektrische Abgabeleistung des Generators und
P_{mech} mechanische Aufnahmeleistung des Generators.

Anhand der Stromortskurven wird deutlich, daß bei

- Asynchronmaschinen nur Ströme in der negativ imaginären Halbebene motorisch und generatorisch, aber stets nur induktiv, bei

- Synchronmaschinen hingegen Ströme in allen vier Quadranten, d.h. sowohl motorisch wie generatorisch im induktiven und kapazitiven Bereich

möglich sind, was insbesondere im Kraftwerksbetrieb, der geregelte Blindleistungsverhältnisse erfordert, klare Vorteile für Synchrongeneratoren mit sich bringt.

Neben der Lage der Stromortskurven haben auch ihre Radien entscheidenden Einfluß auf den Betriebszustand der Maschinen.

Die vollständigen und vereinfachten Zeigerdiagramme für den Erregungszustand in der Nähe des Vollastbetriebes der Asynchronmaschine bzw. im Teillastbereich der Synchronmaschine nach Bild 3.3.4 lassen die unterschiedlichen Konstellationen erkennen. Dabei wird die Analogie zwischen dem in weiten Grenzen variabel möglichen, untererregten Synchron- und dem auslegungsbedingt festen Asynchrongeneratorbetrieb verdeutlicht, wenn in Anlehnung an den momentenbildenen Polradwinkel ϑ bei der Synchronmaschine auch für Asynchronmaschinen ein entsprechender Lastwinkel λ (allerdings geringerer Größe) eingeführt wird.

Ein Vergleich der Zeigerdiagramme nach Bild 3.3.4 zeigt, daß die an der Hauptinduktivität induzierte Spannung U_i bei

- Asynchronmaschinen durch die Auslegung, auf die in Abschnitt 3.6 näher eingegangen werden soll, fest vorgegeben ist, bei
- Synchronmaschinen jedoch über den Erregungszustand (über- bzw. untererregt) einstellbar ist.

Bei Festlegung der reellen Achse in Richtung der Statorspannung wird klar, daß beide Maschinenarten Stromvariationen im reellen Bereich bis zu ihrer Kippgrenze erlauben. Diese lassen sich bei Generatoren durch Antriebsmoment- bzw. Wirkleistungs-Änderungen hervorrufen. Demgegenüber sind bei Asynchron- im Gegensatz zu Synchronmaschinen imaginäre Anteile der Ströme, d.h. ihre Blindleistung allein ohne Zusatzeinrichtungen wie z.B. Kompensationskapazitäten nicht variierbar.

Werden Blindanteile dagegen durch regelbare Zusatzeinrichtungen bereitgestellt, z.B. mit Hilfe von Kondensatoren, rotierenden Phasenschiebern oder durch statische Umrichter, so lassen sich mit Asynchronmaschinen ähnliche Betriebsmöglich-

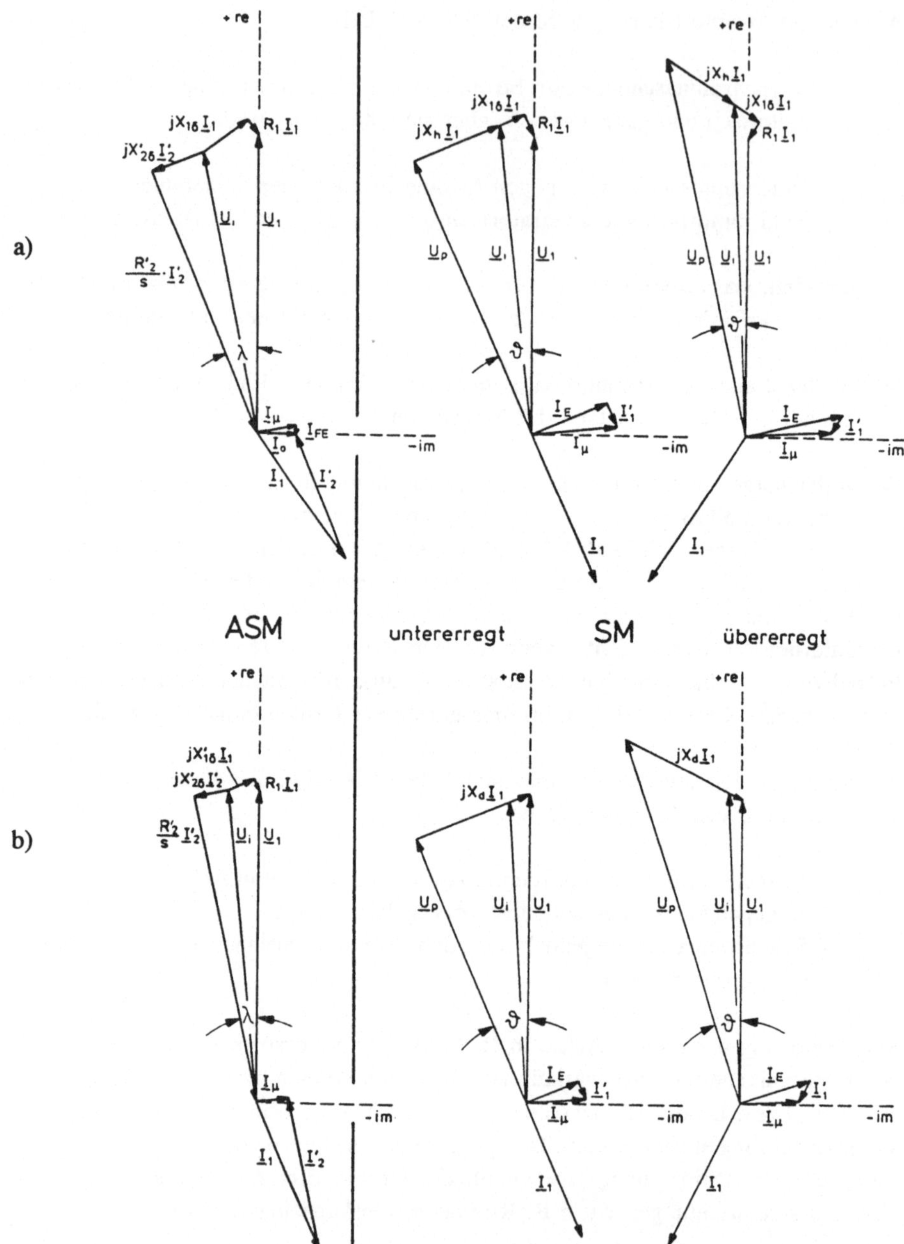

Bild 3.3.4: Vollständige (a) und vereinfachte (b) Zeigerdiagramme für Asynchron-(ASM) und Synchrongeneratoren (SM) im unter- und übererregten Betrieb.

keiten erzielen wie mit Synchronmaschinen. Bei Asynchronmaschinen ist der Radius der Stromortskurve wesentlich durch die Netzspannung geprägt. Abweichungen von der Kreisform, die hier nicht näher betrachtet werden sollen, sind insbesondere durch den Sättigungszustand und den konstruktiven Aufbau der Maschine (z.B. Doppelnutläufer) gegeben. Damit können vorgegebenen Lastzuständen feste Betriebspunkte eindeutig zugeordnet werden.

Bei Synchronmaschinen läßt sich dagegen der Radius der Stromortskurve durch die Erregung beeinflussen. Somit kann der Betriebszustand einer festen Last entsprechend der Magnetisierung (unter- und übererregt) bzw. je nach Blindleistungsbedarf (induktiv oder kapazitiv) frei gewählt werden. Bei Asynchronmaschinen kann mit Hilfe einer Zusatzeinrichtung dem Gesamtsystem ein Blindstrom zugeführt werden. Bei Betrachtung der Einheit "Asynchronmaschine mit regelbarer Blindstromliefereinrichtung" nach Bild 3.3.5 läßt sich quasi durch Koordinatenverschiebung (also auch mit Asynchronmaschinen) der Betriebsbereich ähnlich wie bei Synchronmaschinen in allen vier Quadranten abdecken (s. Bild 3.3.6).

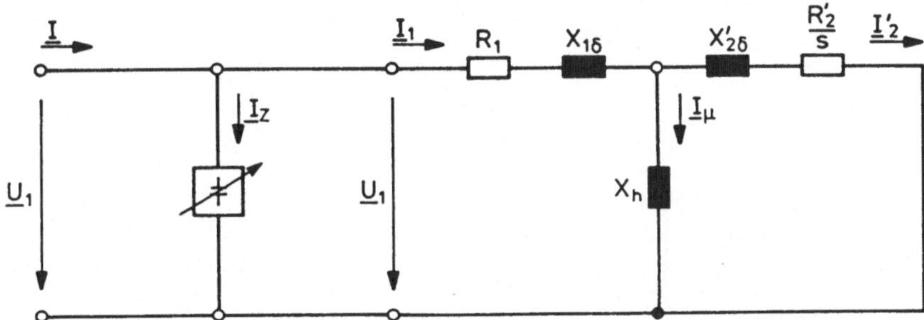

Bild 3.3.5: Ersatzschaltung einer Asynchronmaschine mit regelbarer Blindstromliefereinrichtung

Die hier aufgezeigte Arbeitsweise von Asynchrongeneratoren wird im Allein- und Inselbetrieb meist in Verbindung mit stufenweise schaltbaren Kapazitäten bzw. in Einzelfällen auch mit statischen oder rotierenden Phasenschiebern angewandt. Kompensationskapazitäten können dabei allerdings in Verbindung mit den Maschinen- und Leitungsinduktivitäten Netzresonanzen verursachen (s. Abschnitt 4.3).

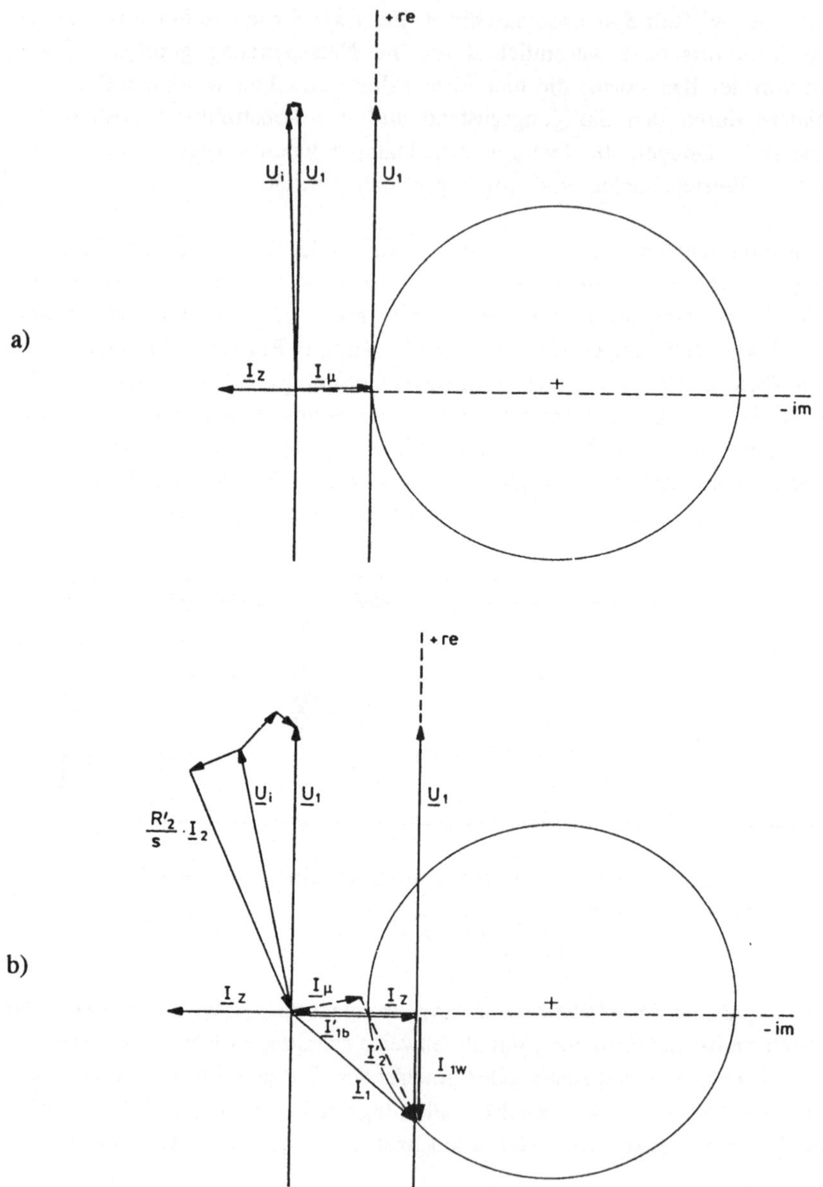

Bild 3.3.6: Betriebsbereiche von Asynchronmaschinen mit Blindstromliefterein-richtung als Gesamtsystem mit Leerlauf- (a) bzw. Lastkompensa-tion (b).

3.4 Stationäre und dynamische Drehmomente auf der Generatorseite

Bei der Behandlung von Generatoren in Zusammenarbeit mit Windturbinen muß hinsichtlich der Momentenbildung unterschieden werden zwischen den sehr schnell ablaufenden elektrischen Ausgleichsvorgängen in den Wicklungen (und im magnetischen Kreis), die eine Auslegung des mechanischen Triebstranges mitbestimmen, sowie den erheblich langfristigeren Auswirkungen, die auf das dynamische Verhalten der Windkraftanlage unmittelbaren Einfluß haben. Die Kenntnis der Drehmomente hat Bedeutung wegen der Auswahl von Maßnahmen zur Triebstrangschonung.

Stationäre Drehmoment-Drehzahlkurven gelten quasi stationär für Drehzahl- bzw. Drehmomentenänderungen, die gegenüber den dynamischen Vorgängen (Anlauf- und Bremsvorgänge) wesentlich langsamer ablaufen. Dynamische Drehmomente sind bei schnellen Vorgängen maßgebend, die in der kurzen Zeit unmittelbar nach der Zustandsänderung auftreten. Ihre praktische Bedeutung für Dimensionierungsfragen ist bei Windkraftanlagen auf Sonderfälle, wie Einschaltvorgänge, Netzstörung und Generatorkurzschluß begrenzt. Auf Kennwerte zur Abschätzung der Größenordnung und der Extremzustände bei stationären und dynamischen Belastungen soll im folgenden eingegangen werden.

3.4.1 Stationäre Drehmomente

Der Generator setzt der Windturbine bei quasistationären Vorgängen ein stationäres Widerstandsmoment entgegen, das sich aus einem stationären und einem dynamischen Anteil zusammensetzt. Die stationären Zustände von Drehfeldmaschinen werden im wesentlichen durch die Grundwellen-Drehmomente bestimmt. Hinzu kommen Einflüsse synchroner und asynchroner Oberwellenanteile. Diese können in den genannten Generatoren erhebliche mechanische und elektrische Auswirkungen haben.

Mehrphasige symmetrische Ständerwicklungen bilden infolge der Treppendurchflutung einzelner Stränge Drehfelder der Ordnungszahl

$$\nu \quad = \quad \pm \, k \, m + 1 \tag{3.4.1}$$

mit $k = 0,2,4,6..$ (geradzahlig) und der Strangzahl i.a. $m = 3$.

Außer der Grundwelle entstehen ungeradzahlige und nicht durch drei teilbare Oberwellendrehfelder der Ordnungszahlen

$$\nu \quad = \quad 1, \, -5, \, 7, \, -11, \, 13, \, -17, \, 19 \, ...$$

68

Negativ gekennzeichnete Ordnungszahlen geben dem Grundfeld entgegengesetzten Drehsinn des Oberwellendrehfeldes an.

Für die Beurteilung von Netzrückwirkungen in Niederspannungsnetzen sind Verträglichkeitspegel bis zur 40. Oberschwingung (2000 Hz) zu beachten [3.2].

3.4.1.1 Asynchronmaschinen

Das Betriebsverhalten von Asynchrongeneratoren wird weitgehend durch die stationäre Drehmoment-Drehzahl-Charakteristik des Grundwellenfeldes bestimmt. Diese wird in besonderem Maße durch die Auslegung der Maschine geprägt. Kennzeichnende Größen neben dem Nennmoment sind das Anlaufmoment, das Sattelmoment und das Kippmoment sowie die zugehörigen Drehzahl- und Schlupfwerte (s. Bild 3.4.1). Nenn- und Kippgrößen kommen im folgenden besondere Bedeutungen zu.

Übliche Werte für die Verhältnisse von

- Kipp- zu Nennmoment sind

$$\frac{M_K}{M_N} = 1{,}8...3{,}5$$

und für

- Anlauf- zu Nennmoment

$$\frac{M_{AM}}{M_N} = 1...3 \ .$$

- Sattelmomente, die meist im Bereich

$$\frac{M_S}{M_N} = 1...2$$

liegen, rufen i.a. keine dominanten Belastungen hervor und spielen ebenso wie Anlaufmomente nur bei motorischem Hochlauf von Windkraftanlagen eine Rolle.

Mit dem Schlupf $s = (n_1 - n)/n_1$ kann die Drehmomentencharakteristik nach der Kloß'schen Gleichung

$$\frac{M}{M_K} \approx \frac{2}{\dfrac{s}{s_K} + \dfrac{s_K}{s}}$$

(3.4.2)

näherungsweise bestimmt werden. Dabei stellen M das Drehmoment beim allgemeinen Schlupfwert s, M_K das Kippmoment und s_K den Kippschlupf (z.B. M_{KG}, n_{KG} im Generatorbetrieb) dar.

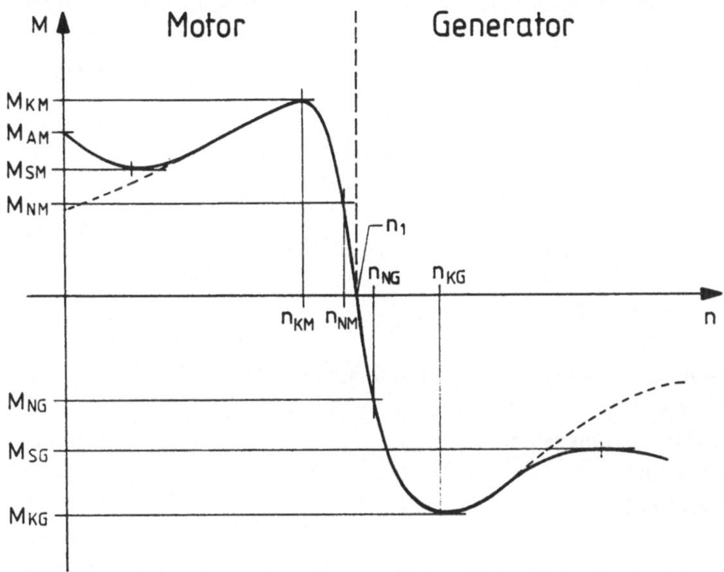

Bild 3.4.1: Drehmoment-Drehzahl-Kennlinie einer Asynchronmaschine

Motorbetrieb:		Generatorbetrieb:	
M_{AM}	Anlaufmoment	M_{NG}	Nennmoment
M_{SM}	Sattelmoment	M_{KG}	Kippmoment
M_{KM}	Kippmoment	M_{SG}	Sattelmoment
M_{NM}	Nennmoment	n_{NG}	Nenndrehzahl
n_{KM}	Kippdrehzahl	n_{KG}	Kippdrehzahl
n_{NM}	Nenndrehzahl	n_1	Drehfelddrehzahl

Im Bereich des Normalbetriebes zwischen Leerlauf ($n = n_1$) und motorischer sowie generatorischer Nenn- bzw. zulässiger Überlast kann der Drehmomentenverlauf vereinfacht durch die Gleichung

$$\frac{M}{M_K} \approx \frac{2\,s}{s_K} \qquad\qquad (3.4.3)$$

angenähert werden. Dies bedeutet, daß die Maschinencharakteristik im genannten Bereich im wesentlichen durch Kippmoment und Kippschlupf festgelegt wird. Beide Größen können näherungsweise durch die maschinenspezifischen Parameter

$$s_K \approx \frac{R'_2}{X_\sigma} \qquad\qquad (3.4.4)$$

und

$$M_K \approx \frac{m\,U_1^2}{2\,\pi\,n_1}\,\frac{1}{2\,X_\sigma} \qquad\qquad (3.4.5)$$

bestimmt werden. Dabei sind

R'_2 auf Statorseite transformierter Läuferwiderstand,
X_σ Streureaktanz von Stator und Läufer ($X_\sigma = X_{1\sigma} + X'_{2\sigma}$),
m Strangzahl (Drehstromsysteme $m = 3$),
U_1 Netzspannung und
n_1 Synchrondrehzahl.

Der Drehmomentverlauf von Asynchronmaschinen wird demnach durch die Verhältnisse zwischen ohmschen und Streuanteilen insbesondere in der Läuferwicklung bestimmt. Bei Schleifringläufern lassen sich diese durch Zusatzwiderstände oder durch Stromrichtereinheiten im Läuferkreis in einem relativ breiten Spektrum verändern.

Kurzschlußläufermaschinen sind in ihrem Verhalten besonders vom Grad der Stromverdrängung im Rotor geprägt, so daß sich durch die Wicklungsauslegung und die Form der Läufernut sowie durch das Läuferkäfigmaterial die Eigenschaften nur in einem wesentlich engeren Bereich beeinflussen lassen. Somit können in beiden Ausführungen die Verhältnisse zwischen den in Bild 3.4.1 genannten charakteristischen Größen in bestimmten Grenzen den Erfordernissen entsprechend angepaßt werden.

Durch die Baugröße der Maschine sind physikalisch bedingt Schlupfgrenzen vorgegeben. Insbesondere bei großen Maschinen wird der Elastizitätsgrad solcher Systeme bei Drehmomentenschwankungen stark eingeschränkt. Bild 3.4.2 gibt mittlere baugrößenbedingte Nennschlupfwerte in Abhängigkeit von der abgegebenen Nennleistung von Serienmaschinen wieder.

Bild 3.4.2 zeigt, daß Maschinen im 100 kW-Bereich bei normaler Auslegung Nennschlupfwerte um ca. 1 % aufweisen, wobei 6-polige Generatoren erheblich größere Elastizität zeigen als 2-polige. In Anlagen mit derart drehzahlsteif ausgerüsteten Generatoren werden demzufolge bei Drehmomentenschwankungen auf der Turbinenseite - durch die nahezu starre Kopplung zwischen Netz und Generator - große Triebstrangbelastungen hervorgerufen. Solche Systeme können mit Hilfe auslegungsbedingter Schlupferhöhung - die dann jedoch z.B. einen Anstieg des Bauvolumens, der Masse und der Verluste zur Folge hat - nachgiebiger und somit triebstrangschonender gestaltet werden.

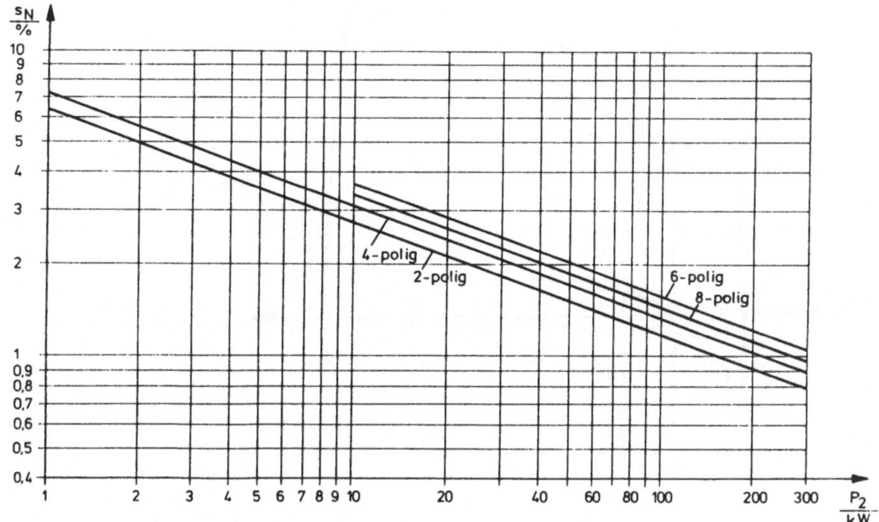

Bild 3.4.2: Nennschlupf s_N von Asynchronmaschinen als Funktion der Abgabe-Nennleistung P_N für Serienmaschinen (Motoren) mit der Polzahl als Parameter

Asynchrone Oberwellen-Drehfeldmomente

Oberwellenfelder induzieren in der Läuferwicklung Ströme der Frequenz

$$f_{2\nu} = s_\nu\, f_1 \;, \tag{3.4.6}$$

mit dem Schlupf

$$s_{\nu} = \frac{\Delta n_{\nu}}{n_{\nu}} = 1 - \nu \, (1 - s) \; . \tag{3.4.7}$$

Diese Läuferströme bilden ein Drehmoment beim asynchronen Lauf ($s \neq 0$). Alle Oberfeldmomente überlagern sich mit dem Moment der Grundwelle (Bild 3.4.3).

Oberwellenmomente treten beim motorischen Hochlauf auf. Sie spielen bei gezielter Wahl der Wicklung eine untergeordnete Rolle und kommen im üblichen Generatorbetriebsbereich nicht zum Tragen.

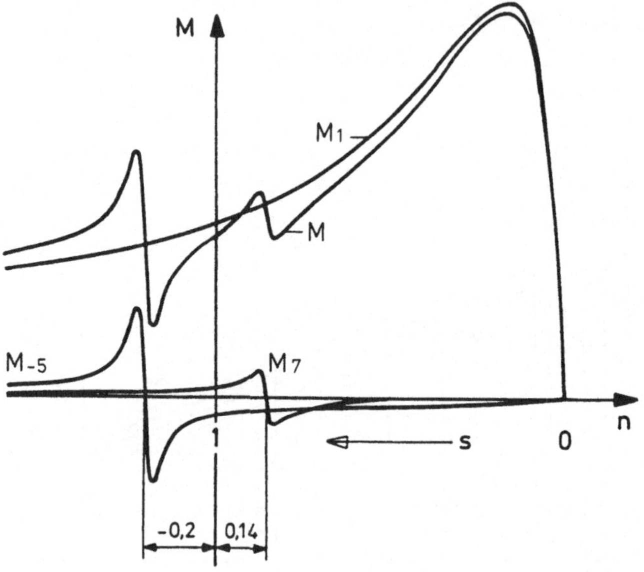

Bild 3.4.3: Grund- (M_1) und Oberwellenmomente (M_ν), sowie resultierendes Moment (M) der Asynchronmaschine

Synchrone Oberwellen-Drehfeldmomente

Neben dem Ständerstrom kann der Läuferstrom Oberwellendrehfelder ausbilden. Besitzen Ständeroberwelle und Läuferoberwellenfeld in einem Betriebspunkt dieselbe Umlaufdrehzahl, können beide zusammmen Drehmomente hervorrufen.

Auch diese sind im wesentlichen nur im Motorbetrieb bei hohem Schlupf von Bedeutung. Sie können bei motorischem Hochlauf durchaus erhebliche Anteile gegenüber dem Anlauf- oder Nennmoment erreichen. Im Generatorbetrieb - bei üblichen Schlupfwerten von s = 0 bis 10 % - haben synchrone Oberwellenmomente hingegen keine Relevanz.

Parasitäre Drehmomente

Bei schräggestellten Nuten in Käfigläufern bilden sich von Stab zu Stab Querströme über das Eisen aus und rufen Drehmomente hervor, ebenso wie zusätzliche Eisenverluste durch Nutungsharmonische. Diese Momente sind gleichfalls nur im motorischen Anlauf von Bedeutung.

3.4.1.2 Synchronmaschinen

In Energieversorgungseinrichtungen werden fast ausschließlich Synchrongeneratoren zur mechanisch-elektrischen Energiewandlung eingesetzt. Speziell bei Windkraftanlagen kommen sie im Inselbetrieb und in Verbindung mit Umrichtern im Netzbetrieb zur Anwendung. Eine direkte Netzkopplung der Synchronmaschine wurde nur bei wenigen, meist mit Problemen behafteten Einzelfällen in der MW-Klasse ausgeführt. Während im Kraftwerksbereich die Vollpolläufer (Turbogeneratoren) überwiegen, kommen bei Windkraftanlagen meist mehrpolige Schenkelpolmaschinen zum Einsatz.

Weiterhin ist zu unterscheiden zwischen schleifring-gespeisten Läufern mit kleiner Erregerzeitkonstante und bürstenlosen Maschinen, die erheblich größere Zeiten für Erregungsänderungen benötigen.

Das Drehmoment der Vollpolmaschine ergibt sich nach der allgemeinen Beziehung

$$M \quad = \quad - \frac{m\,U_1}{2\,\pi\,n_1} \, \frac{U_P}{X_d} \sin\vartheta \tag{3.4.8}$$

bzw. für die Schenkelpolmaschine gilt

$$M \quad = \quad - \frac{m\,U_1}{2\,\pi\,n_1} \left[\frac{U_P}{X_d} \sin\vartheta + \frac{U_1}{2} \left(\frac{1}{X_q} - \frac{1}{X_d} \right) \sin 2\vartheta \right] \ . \tag{3.4.9}$$

Dabei sind

m   Strangzahl (Drehstromsysteme m = 3),
n_1 Synchrondrehzahl,
U_1 Netzspannung,

U_p Polradspannung,
X_d synchrone Längsreaktanz,
X_q synchrone Querreaktanz und
ϑ Polradwinkel.

Demnach stellen sich die Drehmomente und die Abgabeleistung entsprechend dem Polradwinkel ($\sin\vartheta$ bzw. $\sin 2\vartheta$) ein. Weiterhin läßt sich durch Verändern der Polradspannung über die Erregung der Maschine die Momentenkennlinie beeinflussen.

Synchrongeneratoren, die direkt mit dem Netz gekoppelt sind, bilden mit diesem ein starres System, welches quasi verzögerungsfrei Drehmomentstöße in Form elektrischer Energieflußänderungen an das Netz weitergibt. Dies führt bei Windkraftanlagen zu großen Triebstrangbelastungen und entsprechend hohen Abgabeleistungsfluktuationen.

Durch die Auslegung und den Erregungszustand bedingt sind im Nennbetrieb bei

   - Vollpolgeneratoren

      · Polradwinkel ϑ = 25 bis 30°, eine

      · Überlastbarkeit M_K/M_N $\approx$ 2   bzw. bei

   - Schenkelpolgeneratoren

      · Polradwinkel ϑ = 20 bis 25°, eine

      · Überlastbarkeit M_K/M_N = 2 bis 2,5

und (entsprechend der Deckenspannung)

   - Polradspannungen U_p/U_N = 0 bis 2

üblich. Somit ist im quasistationären Betrieb mit maximalen Momenten (Kippmomenten) von

$$\frac{M_{max}}{M_N} = 2 \text{ bis } 5$$

zu rechnen.

Erschwerend kommen - insbesondere durch periodische Anregungen infolge Turmschatten- bzw. Turmstaueffekte und deren Auswirkungen auf die Rotorblätter - nur schwach gedämpfte Pendelmomente der Maschine hinzu, die erhebliche mechanische Beanspruchungen im Rotor, Generatorfundament und Turm zur Folge haben.

Dadurch werden meist Zusatzmaßnahmen (Schwingungstilger etc.) erforderlich. Synchronmaschinen finden daher bei netzgekoppelten Windenergienanlagen nur in Verbindung mit Stromrichtereinheiten, die eine elastische Netzankopplung ermöglichen, ein breites Einsatzgebiet in der Windkraftnutzung.

3.4.1.3 Generatoren mit Stromrichterkopplung

Eine Netzanbindung von Generatoren über Stromrichtereinheiten ermöglicht infolge der raschen Eingriffszeiten (z.B. 2 bis 20 ms) sehr gute und dynamisch wirksame Drehmomentbegrenzungen. Dies ist der Fall bei Systemen, die ihre gesamte elektrische Abgabeleistung über Gleich- oder Umrichter in ein Netz speisen (s. Bild 3.2.1, Konzeption b, c, h, i, j und k) sowie bei Konfigurationen, die nur einen Teil ihrer elektrischen Leistung über Stromrichter dem Netz zuführen (s. Bild 3.2.1, Konzeptionen e und f) bzw. über Zusatzwiderstände (Konzeption d) Schlupfleistung abgeben. In Verbindung mit einer geeignet dimensionierten Regelung lassen sich Grenzwerte in der Nähe des Nennmomentes, wie z.B.

$$M_{max} = 1,2 \text{ bis } 1,5 \ M_N$$

erreichen. Dabei müssen bei der Auslegung des Gesamtsystems Schwebungen und Instabilitäten infolge äußerer und innerer Störungen beachtet und durch entsprechende Dimensionierung der Komponenten zur Triebstrangschonung ausgeschlossen werden.

3.4.1.4 Generator- und Windturbinenmomente

Das Verhalten einer Windkraftanlage wird durch die Wechselwirkung zwischen dem Turbinenantriebs- und Generatorwiderstandsmoment bestimmt. Der reale Antrieb von Anlagen kann näherungsweise durch seine quasi-stationäre Verhaltensweise beschrieben werden. Somit lassen sich (unter Beachtung von Turbinen- und Generatoreingriffen) mit Hilfe der Drehmoment-Drehzahl-Verläufe die Betriebs- und Anpassungsmöglichkeiten zur Leistungsregelung der Windturbine durch die Eigenschaften der Energiewandlersysteme entsprechend den Abschnitten 2.2 und 3.2 erläutern. Hierbei werden Möglichkeiten zur optimalen Windenergienutzung und zur Leistungsanpassung an das Netz betrachtet. Dazu soll auf die Darstellungen [3.3] zurückgegriffen werden.

Aus dem Leistungsbeiwert

$$c_p = \frac{P_W}{A_R \, v_1^3 \, \frac{\rho}{2}} \qquad \text{(vergl. Gl. (2.18))}$$

und dem in Bild 2.1.5 wiedergegebenen Kennfeld

$$c_p = f(\lambda)$$

bzw. aus der äquivalenten Drehmomentkennziffer

$$c_m = \frac{M_{AW}}{R_a \, A_R \, v_1^2 \, \frac{\rho}{2}}$$

und der entsprechenden Kennlinienschar

$$c_m = f(\lambda)$$

mit der Schnellaufzahl

$$\lambda = \frac{2\pi \, R_a \, n}{v_1}$$

können für einen festen Blatteinstellwinkel, z. B. in der Nähe von $\beta = 90$, bei verschiedenen Windgeschwindigkeiten v_1 (als Parameter) die

- Leistungs- bzw.
- Drehmoment-Drehzahl-Kennfelder

für Windturbinen abgeleitet werden. Diese bestimmen in Verbindung mit der

- Widerstandsmoment-Drehzahl-Kennlinie des angetriebenen Generators

nach Bild 3.4.4 die Betriebsart und die Stabilität des gesamten Antriebes.

Liefert eine Windkraftanlage ihre elektrische Energie über einen **Synchrongenerator** in ein taktgebendes Netz, so wird der Turbine bei verschiedenen Windgeschwindigkeiten durch die i.a. konstante Netzfrequenz eine ebenfalls konstante Drehzahl aufgezwungen.

In ähnlicher Weise führt die Windenergieeinspeisung in das Netz über einen **Asynchrongenerator** bei größer werdender Windgeschwindigkeit zu leicht ansteigender Drehzahl (infolge Schlupferhöhung). Dabei ist allerdings bei normal ausgelegten Maschinen nur mit Drehzahlveränderungen im 1 %-Bereich (s. Bild 3.4.2) zu rechnen.

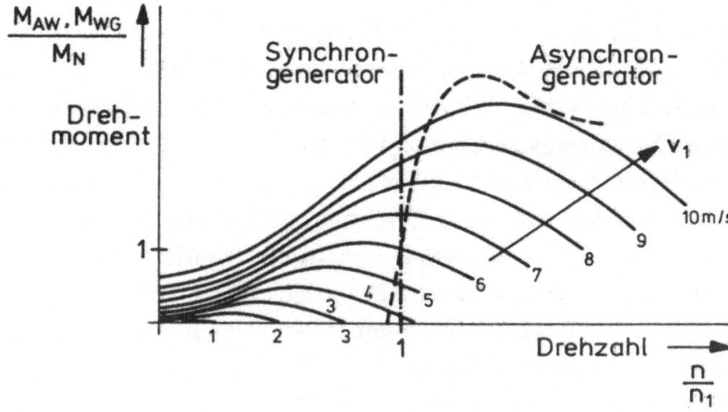

Bild 3.4.4: Netzgeführte Windkraftanlage
———— Antriebsmoment-Kennfeld der Turbine mit der Windgeschwindigkeit v_1 als Parameter
Widerstandsmoment eines
—··—··— Synchron- bzw.
———— Asynchrongenerators

Bild 3.4.4. ist zu entnehmen, daß erst bei einer Windgeschwindigkeit ab ca. 3,6 m/s bei der Asynchron- bzw. 3,8 m/s bei der Synchronmaschine ein ausreichendes Turbinendrehmoment zum Antrieb des Generators vorhanden ist. Bei Berücksichtigung der Getriebe- und Generatorverluste muß eine entsprechend höhere Windgeschwindigkeit vorliegen, damit überhaupt Leistung an das Netz abgegeben werden kann. Bei Unterschreitung der genannten (Mindest- oder Leerlauf-) Windgeschwindigkeit geht die Maschine in den Motorbetrieb über und treibt die Windturbine an.

Im Normalbetrieb von Windkraftanlagen treten ständig Veränderungen der Windgeschwindigkeit ein. Demzufolge ändert sich die Schnellaufzahl und somit sind die Beiwerte sowie die Größen von Leistung bzw. Moment der Turbine nicht konstant. Dies hat bei netzstarrer Kopplung der Generatoren von Windkraftanlagen ständig wechselnde Betriebszustände zur Folge.

Im frequenzvariablen Betrieb von Generatoren läßt sich die Drehzahl in bestimmten Grenzen frei wählen. Damit ist es möglich, die einer Turbine zur Verfügung stehende Windleistung im Regelbereich optimal auszunutzen. Bild 3.4.5 läßt dies erkennen. Aus der Darstellung des Turbinenantriebsmoments über der Drehzahl läßt sich für jede Windgeschwindigkeit die Turbinenleistung über der Drehzahl angeben. Dies ist in Bild 3.4.5 am Beispiel $v_1 = 5$ m/s ausgeführt. Für jede Windgeschwindigkeit kann somit eine optimale Leistung bestimmt werden; die zugehörigen Werte für das Turbinenantriebsmoment und die Drehzahl zeigt die dick gestrichelte Linie in Bild 3.4.5. Die Widerstandsmoment-Drehzahl-Kennlinienschar eines selbsterregten Synchrongenerators bei frequenzvariablem Betrieb läßt sich für verschiedene Erregerströme I_E in das Turbinenkennfeld einzeichnen. Das Generator-Widerstandsmoment kann über den Erregungszustand auf das Turbinenantriebsmoment bei optimaler Turbinenleistung eingestellt werden. Dies wird ständig erreicht, wenn sich der Verlauf des Turbinenantriebsmoments bei optimaler Turbinenleistung und des Generatorwiderstandsmoments für einen vorzugebenden Erregerstrom über der Drehzahl decken. Solcher Betrieb ist mit Frequenzumrichtersystemen mit Gleichstromzwischenkreis zur Entkopplung von Generator- und Netzfrequenz möglich.

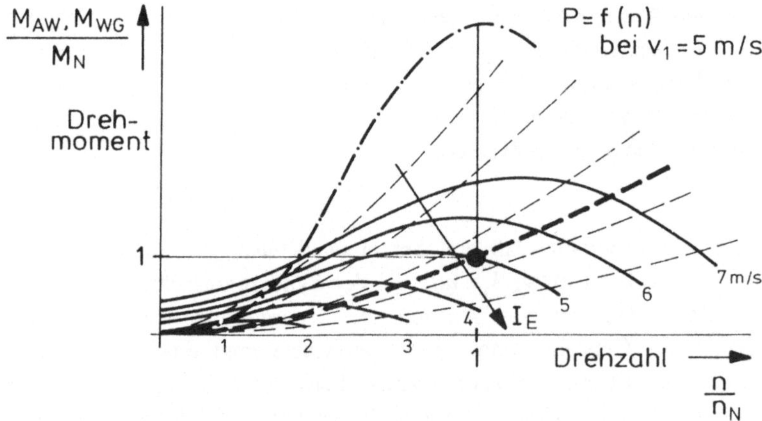

Bild 3.4.5: Anpassung eines selbsterregten Synchrongenerators im frequenzvariablen Betrieb an die Windturbine

———— Turbinenantriebsmoment

– – – – Generatorwiderstandsmoment in Abhängigkeit vom Erregerstrom I_E

–·——·· Turbinenleistung bei der Windgeschwindigkeit $v_1 = 5$ m/s

▬ ▬ ▬ ▬ Generatorwiderstandsmoment bei optimaler Turbinenleistung

Falls die Generatorfrequenz z.B. über Direktumrichter vorgegeben werden kann, so läßt sich durch die Wahl der Frequenz die Drehzahl ebenfalls vorgeben und ein gewünschtes Drehmoment einstellen. Dies ist in Bild 3.4.6 für einige Betriebszustände für Synchron- und Asynchrongeneratoren im Kennfeld des Turbinenantriebsmomentes dargestellt. In Anknüpfung an Bild 3.4.4 läßt sich nach Bild 3.4.5 eine Frequenz und somit eine Drehzahl wählen, bei der die optimale Turbinenleistung erreicht wird. In Bild 3.4.6 wird dies z.B. durch den Betriebszustand 1 charakterisiert. Dabei wird davon ausgegangen, daß die Turbinenleistung bei der gewählten Frequenz ins Netz übertragen wird.

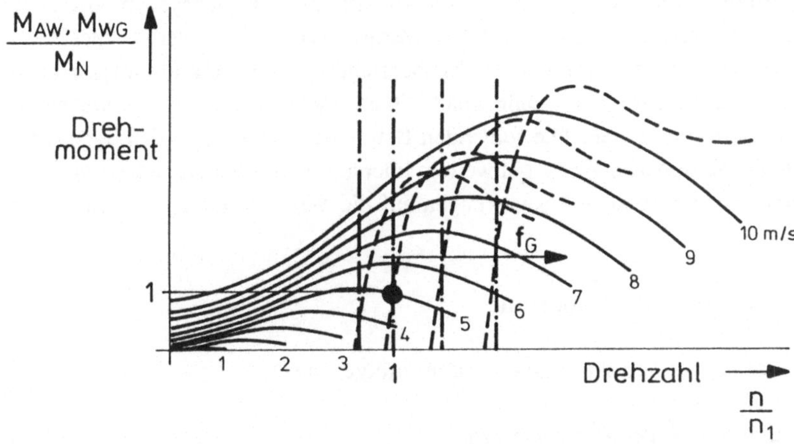

Bild 3.4.6: Kennlinienanpassung durch Generatorfrequenzvariation
———— Antriebsmoment-Kennfeld der Turbine
Widerstandsmoment-Kennlinienschar von
—·—·— Synchron- bzw.
– – – – Asynchronmotoren bei Variationen der Statorfrequenz f_G

Um eine Anlage dem Windleistungsoptimum anzupassen, müssen die Arbeitspunkte des Gesamtsystems jeweils die Maxima der Leistungs-Drehzahl-Kennlinien der Turbine durchlaufen, so daß diese - wie bereits erwähnt - mit konstanter Schnelllaufzahl arbeitet. Die Drehzahl der Windkraftanlage muß sich also der jeweils herrschenden Windgeschwindigkeit anpassen. Die Führung einer Anlage zur maximalen Windenergieausnutzung würde bedeuten, daß eine derart ausgelegte Turbine bis zu sehr geringen Windgeschwindigkeiten elektrische Energie an das Netz abgeben könnte. Durch Verluste insbesondere in Getriebe und Generator ist jedoch eine Mindestwindgeschwindigkeit erforderlich, um die Turbine in Betrieb zu halten. Wird dieser Minimalwert, der unter der sogenannten Anlaufwindgeschwindigkeit liegt, unterschritten, kommt das Windrad zum Stillstand.

Neben maximal möglichen Leistungswerten im Bereich der Einschalt- bis zur Nennwindgeschwindigkeit können bei Überschreiten dieses Intervalls durch Generatorfrequenzanpassung auch Turbinenleistungsverminderungen gezielt herbeigeführt werden. Somit kann die Anlage vor

- Überlast geschützt bzw. auch
- mechanischen Einwirkungen z.B. durch die Blatteinstellwinkelregelung

vorgegriffen werden. Dadurch ist eine Möglichkeit gegeben, bei fortwährend sich ändernden Betriebsverhältnissen, die durch Windgeschwindigkeitsvariationen hervorgerufen werden, mechanische Eingriffe auf das Turbinensystem zu reduzieren und so Komponentenbelastungen zu vermindern. Wie eingangs dieses Abschnitts erwähnt, sind in weiten Betriebsbereichen von Windkraftanlagen hauptsächlich stationäre Momente maßgebend. Dynamische Momente überlagern sich diesen in Grenzsituationen. Die folgenden Betrachtungen zeigen, daß dynamische Momente die stationären Werte bei weitem überschreiten können und somit für die Dimensionierung relevante Auswirkungen auf die Windkraftanlagen verursachen.

3.4.2 Dynamische Drehmomente

Unmittelbar nach einer Zustandsänderung infolge von

- Ein- und Ausschaltvorgängen,
- Netzstörungen sowie bewußt herbeigeführten
- Kurzunterbrechungen (KU) im Netz und
- Generatorkurzschluß

treten schnell ablaufende Vorgänge mit transienten Strömen und Drehmomenten im Generator auf. Diese lassen sich abschätzen [3.4] und soweit möglich mit Erfahrungswerten belegen. Ihre Kenntnis ist insbesondere für Dimensionierungsfragen von mechanischen (s. auch Abschnitt 2.3) und elektrischen Bauelementen und für Verhaltensweisen wichtig.

3.4.2.1 Einschaltvorgänge

Besonders relevante Zustände sind Netzaufschaltungen der Ständerwicklung zum

- motorischen Hochlauf aus dem Stillstand oder in
- Nähe des synchronen Betriebes.

Dabei muß

- netzseitig unterschieden werden zwischen dem Zuschalten des Generators auf ein
  · starres Verbundnetz bzw. auf ein
  · schwaches Inselnetz.

Weiterhin sind

- generatorseitig Differenzen zu erwarten zwischen
  · unerregtem bzw.
  · erregtem

Zustand der Maschine während des Schaltvorganges.

Motorischer Hochlauf aus dem Stillstand oder von einer niedrigen Drehzahl aus kommt für Synchronmaschinen i.a. nicht in Betracht und wird nur in Einzelfällen mit Asynchrongeneratoren praktiziert.

Bei der Berechnung der maximal auftretenden Momente für **Asynchronmaschinen**, die bei stillstehendem Läufer dem Netz zugeschaltet werden, ist zu unterscheiden zwischen dem Momentenverlauf bei

- festgebremster bzw.
- anlaufender

Maschine (Bild 3.4.7 a,b). Die Höchstwerte treten nach einer Halbperiode auf und erreichen bei

- festgebremster Maschine

$$M_{max} \approx 2\, M_{AM} \quad,$$

also doppeltes motorisches Anlaufmoment bzw. bei

- anlaufendem Generator

$$M_{max} \approx 4\, M_{AM}$$

und somit etwa vierfaches Anfangsmoment.

82

a)

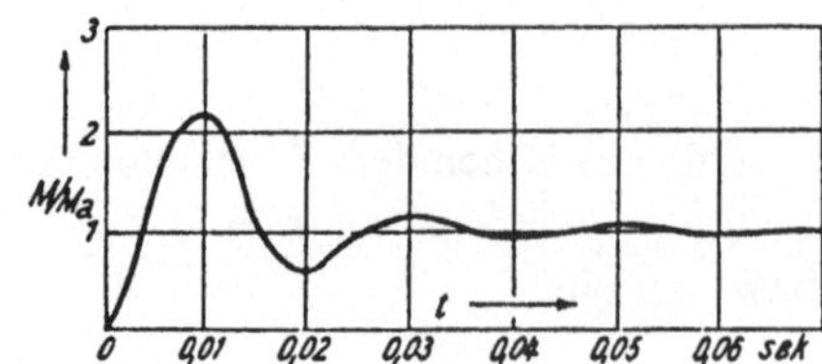

b)

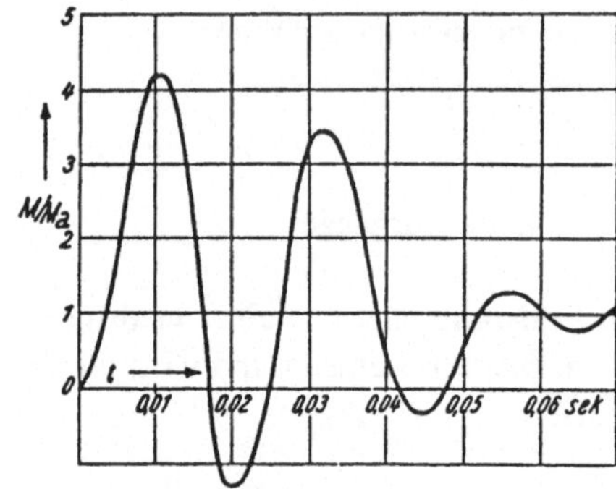

Bild 3.4.7: Drehmomentverlauf beim Einschalten eines Kurzschlußläufermotors
bei festgebremster (a) bzw. anlaufender Maschine (b) [3.5]

Ähnliche Werte ergeben sich - je nach Auslegung der Maschine - mit maximalem
Anlaufmoment [3.6] zu

$$M_{max} \approx 2,6\ M_K \quad,$$

also 2,6 fachem Kippmoment, wobei zu erwartende Drehmomentspitzen in Abhängigkeit von der Maschinengröße zunehmen.

Etwas höhere Werte errechnen sich aus der Beziehung [3.4]

$$M_{max} = M_K \left(1 + \frac{1}{\cos\varphi_K}\right) \quad,$$

mit

$$\cos\varphi_K = 0,3 \text{ bis } 0,5 \quad.$$

Diese Drehmomentspitzen können das drei- bis vierfache Kippmoment erreichen. Die Maximalwerte belasten die Welle und den Triebstrang aber nur sehr kurzzeitig, d.h. bei festgebremstem Läufer ca. eine Periode und beim hochlaufenden Motor ca. zwei Perioden. Danach erhält man einen verminderten, um das Anzugsmoment oszillierenden Anteil, der nach einigen weiteren Perioden abgeklungen ist.

Direkt mit dem Netz gekoppelte **Synchrongeneratoren** haben (von wenigen Ausnahmen abgesehen) im praktischen Einsatz bei Windkraftwerken keine Bedeutung, so daß dabei gegebene Einschaltvorgänge beim Stillstand der Maschine und aufgrund ihrer Komplexität [3.7], [3.8] hier nicht weitergehend behandelt werden sollen.

Sollte jedoch motorischer Hochlauf von Synchrongeneratoren in Betracht gezogen werden, ist während des Anfahrens die Feldwicklung über einen äußeren Widerstand mit ca. zehnfachem Erregerwiderstand kurzzuschließen, da bei offenem Feldkreis die Spannungsbeanspruchung für die Isolation der Feldwicklung zu groß wäre. Im Anlauf- bzw. Dämpferkäfig der Synchronmaschine sich ausbildende Ströme bewirken ein asynchrones Drehmoment. Der i.a. wesentlich schwächer als bei Asynchronmaschinen ausgelegte Anlauf- bzw. Dämpferkäfig entwickelt daher geringere Drehmomente, die ähnlichen Verlauf aufweisen wie bei Asynchronmaschinen. Bei Schenkelpolmaschinen führt darüber hinaus die magnetische Anisotropie des Läufers infolge der Pollücke und des unvollständig ausgebildeten Dämpferkäfigs zu weiteren Abweichungen. Diese wirken sich sehr konstruktionsspezifisch aus und lassen sich daher nicht allgemein gültig behandeln. Maximale Anlaufmomente können im Verhältnis zum Nennmoment [3.7] von etwa

$$\frac{M_{max}}{M_N} = 1 \text{ bis } 3{,}5$$

erwartet werden.

Der Einsatz von Synchrongeneratoren beschränkt sich, wie bereits in Abschnitt 3.4.1.2 erwähnt, im wesentlichen auf eine Netzanbindung über Umrichtersysteme. Damit lassen sich die Einschaltströme und Anlaufmomente mit Hilfe der Stromrichter z.B. auf Nenngrößen oder deren Nähe begrenzen, so daß beim Einsatz solcher Systeme i.a. keine wesentlich erhöhten Momente im Triebstrang zu erwarten sind.

Netzaufschaltungen in der Nähe der synchronen Drehzahl sind prinzipiell im unerregten oder erregten Zustand von Asynchronmaschinen direkt oder mit Hilfe einer Synchronisationseinrichtung, die bei Synchrongeneratoren stets eingesetzt wird, möglich.

Asynchrongeneratoren kleiner und mittlerer Leistung werden direkt oder über Stromrichterstellglieder und große Maschinen unter Verwendung von Synchronisationseinheiten sanft dem Netz zugeschaltet. Für die Belastung des Triebstranges relevante Momentenüberhöhungen können somit weitgehend vermieden werden.

Die Strom- und Momentenmaxima bei direkter Netzzuschaltung nahe der Synchrondrehzahl sind insbesondere im unerregten Zustand des Generators sehr stark vom Sättigungsgrad der Haupt- und Streureaktanzen der Asynchronmaschine sowie vom Zuschaltaugenblick (Nulldurchgang bzw. Spannungsmaximum) in allen 3 Phasen abhängig.

Bei Asynchrongeneratoren für Windkraftanlagen, die aufgrund ihrer Auslegung niedrigere Sättigung aufweisen als Motoren, werden bei Zuschaltung im unerregten Zustand Nennmomente nur sehr kurzzeitig überschritten. Sie erreichen während der ersten Halbperiode ähnliche Drehmomentspitzen wie beim Einschalten im Stillstand (s. Bild 3.3.7). Das Drehmoment klingt allerdings sehr rasch auf den stationären Wert entsprechend der Belastung ab.

Für Laboruntersuchungen wurden 11 kW- bzw. 15 kW-Asynchronmaschinen gewählt. Diese weisen bereits charakteristisches Verhalten auch im Hinblick auf größere Einheiten auf. Die Generatoren wurden auf das starre Verbundnetz sowie auf ein schwaches Inselnetz, welches durch ein 28 kVA Notstromaggregat gebildet wurde, aufgeschaltet. Somit werden die Unterschiede zwischen beiden Konfigurationen verdeutlicht.

Aufgrund von Spannungseinbrüchen sind in schwachen Netzen niedrigere Anfangsspitzen der Ströme und Momente zu beobachten als am starren Verbundnetz.

Bei **unerregter Aufschaltung** des Asynchrongenerators im Spannungsnulldurchgang zeigen sich bei gleich- und gegenphasigem Schaltzustand, der zwischen dem Netz und der Maschine in ihrem Normalbetrieb charakterisiert wird, nahezu die gleichen Ergebnisse. Das Strommaximum während der ersten Halbperiode beträgt in der betrachteten Phase L_1 am starren Netz bei

Gleichphasigkeit	$i_{max} \approx 8\ I_N$	bzw. bei
Phasenopposition	$i_{max} \approx 7,5\ I_N$	sowie

am schwachen Netz bei

Gleichphasigkeit	$i_{max} \approx 6\ I_N$	bzw. bei
Phasenopposition	$i_{max} \approx 5,5\ I_N$.	

Während der zweiten Halbperiode zeigt sich hingegen umgekehrtes Verhalten. Bei gleichphasiger Aufschaltung wird nach der ersten Halbperiode bereits nahezu der stationäre Strom erreicht, während in Gegenphase nahezu der Wert der ersten Halbperiode festgestellt werden kann.

Diese Erscheinungen sind während der ersten Halbperiode auf die elektrischen Ausgleichsvorgänge insbesondere in der stark sättigungsabhängigen Hauptinduktivität der Asynchronmaschine zurückzuführen. Dabei ist beim Schaltvorgang in Phasenopposition infolge des Spannungssprungs an der Generator-Wicklung ein elektrischer Ausgleichsvorgang in abgeschwächter Form zu beobachten. Während der zweiten Halbperiode kommt hingegen insbesondere der mechanische Ausgleichsvorgang zum Tragen. Dieser wird in dieser Phase auch weitgehend abgeschlossen, so daß während der zweiten Halbperiode bei Zuschaltung in Gegenphase mit größeren Strom- und Momentwerten zu rechnen ist.

Beim Zuschalten von Asynchronmaschinen, die bereits auf **Leerlaufspannung** erregt sind, können je nach Zuschaltwinkel zwischen Maschinen- und Netzspannung gravierende Unterschiede beobachtet werden. Bei **phasengleicher Zuschaltung** ergeben sich Einschaltströme, die innerhalb des Nennbereichs bleiben und während der ersten drei bis vier Perioden einschwingen. Somit sind auch keine nennenswerten Abweichungen zwischen starren und schwachen Netzen festzustellen. Dagegen treten bei erregten Maschinen, die in **Phasenopposition** dem starren Netz zugeschaltet werden, ungefähr doppelt so hohe Strommaxima gegenüber der unerregten Maschine von z.B.

$$i_{max} \approx 15\, I_N$$

auf, die nach 3 bis 4 Perioden abklingen.

Am schwachen Netz ist die gleiche Tendenz mit ebenfalls deutlich abgeschwächten Spitzen von

$$i_{max} \approx 11\, I_N$$

zu beobachten.

Ergebnisse der Untersuchungen an den gleichen Asynchronmaschinen (11 bzw. 15 kW) mit Hilfe einer Erfassung der Raumzeigergrößen für Strom und Spannung sowie einer rechnerischen Ermittlung der Wirkleistung zeigt Bild 3.4.8. Dabei wurden die Zuschaltwinkel zwischen Netz- und Maschinenspannungszeiger von 0 bis 360 Grad in ca. 100 Teilschritten variiert. Die Einschaltleistung zeigt eine gewisse Zuschaltwinkelabhängigkeit, die aus den bisherigen Untersuchungen jedoch noch nicht eindeutig definiert und einzelnen Maschinenparametern zugeordnet werden kann. Es lassen sich jedoch anhand von Bild 3.4.8 Einschaltleistungsbereiche tendenziell in Abhängigkeit vom Leistungsfaktor im Nennbetrieb angeben. Hieraus wird deutlich, daß Maschinen mit hohem Leistungsfaktor aufgrund ihrer geringen Sättigung niedrige Einschaltströme mit kleiner Streuung aufweisen, was für einen Generatoreinsatz aufgrund der günstigen Auswirkungen hinsichtlich der Schaltelemente, Wicklungsbeanspruchungen, Fundamentbelastungen etc. anzustreben ist.

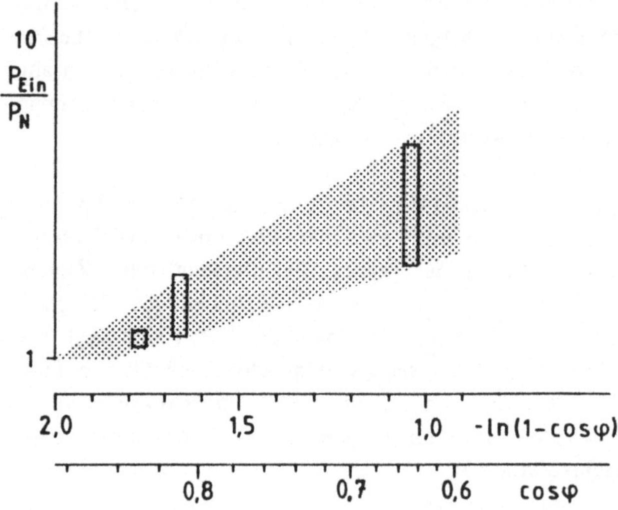

Bild 3.4.8: Einschaltwirkleistungsbereich von Asynchronmaschinen mit unterschiedlicher Sättigung (Zuschaltung bei Synchrondrehzahl)

Die phasengleiche Zuschaltung der **erregten Synchronmaschine** nahe der synchronen Drehzahl führt zu Verhältnissen analog der bei Asynchronmaschinen beschriebenen Zustände. Gute Synchronisation führt zu keinen nennenswerten Momentüberhöhungen.

Eine Zuschaltung in Phasenopposition kann im transienten Bereich entsprechend dem Kurzschluß der Maschine bei doppelter Spannung behandelt werden und läßt somit doppelt so hohe Höchstwerte der nachfolgend beschriebenen Momente erwarten. Sättigungseinflüsse können allerdings die Einschaltströme erheblich vergrössern. Der Einsatz geeigneter Synchronisationseinrichtungen läßt derartige Lastzustände jedoch weitgehend vermeiden.

3.4.2.2 Generatorkurzschluß

Wird ein erregter Generator plötzlich kurzgeschlossen, so treten innerhalb des Ausgleichsvorgangs hohe Strom- und Drehmomentspitzen auf, die nach einigen Perioden abklingen.

Bei **Synchrongeneratoren** mit unveränderter Erregung der Maschine im Verhältnis zur Leerlauferregung ($U_p = U_1$) ergibt sich entsprechend Abschnitt 3.4.1.2 das Maximalmoment einer Vollpolmaschine

$$M_{K_{max}} = - \frac{3 \; U_1^2}{2 \; \pi \; n_1 \; X_d} \tag{3.4.10}$$

als quasistationäre Größe. Bei einem plötzlichen dreiphasigen Kurzschluß der Maschine wird der Höchstwert des pulsierenden Kurzschlußmomentes, das nur wenige Perioden andauert, durch die Beziehung [3.4]

$$M'_{K_{max}} = M_{K_{max}} \frac{X_d}{X'_d} \tag{3.4.11}$$

ermittelt, wobei X'_d die transiente Reaktanz charakterisiert.

Für Vollpolmaschinen ergeben sich [3.8]

$$\frac{X_d}{X'_d} \approx 7$$

und somit auch entsprechende Vielfache des pulsierenden Höchstwertes zum quasistationären Kippmoment, also

$$M'_{K_{max}} \approx 7 \; M_{K_{max}} \; .$$

Tritt infolge der Dämpferwicklung ein subtransienter Strom auf, ist mit einem noch größeren Höchstmoment während der ersten Periode

$$M''_{K_{max}} = M_{K_{max}} \frac{X_d}{X''_d} \tag{3.4.12}$$

zu rechnen, wobei X''_d die subtransiente Reaktanz der Synchronmaschine darstellt.

88

Die Verhältnisse

$$\frac{X_d}{X_d''} = 10 \text{ bis } 13$$

führen somit auf einen Spitzenwert von etwa 13-fachem Kippmoment.

Bei Schenkelpolmaschinen ist mit momentanen Höchstwerten des Momentes ohne Dämpfung [3.4] zu rechnen, die ca. 30 % höher sind als bei symmetrischen Läufern, d.h.

$$M'_{K_{max}} \approx 10\, M_{K_{max}} \; .$$

Annahmen mit Spitzenwerten von

$$M''_{K_{max}} \approx 15\, M_{K_{max}}$$

unter Berücksichtigung der Dämpfung liegen auf der sicheren Seite. Aufgrund der auslegungsbedingten Komplexität dieser Vorgänge läßt sich keine vereinfachte Abschätzung schlüssig ableiten. Es soll daher auf eine detaillierte Darstellung verzichtet werden.

Beim 3-phasigen Kurzschluß von **Asynchrongeneratoren** stellt sich kein stationärer Kurzschlußstrom ein. Die Generatorspannung bricht bereits nach den ersten Perioden zusammen, so daß kein Strom mehr fließt und auch kein Lastmoment aufrecht erhalten wird. Während der ersten Halbperiode werden Drehmomente erreicht von

$$M_{K_{max}} \approx 2\, M_K \qquad\qquad \text{bzw.} \qquad 5 \text{ bis } 6\, M_N \; .$$

Im zweiphasigen Kurzschluß muß dagegen aufgrund bleibender Erregung mit Spitzenwerten gerechnet werden von

$$M_{K_{max}} = 3 \text{ bis } 5\, M_K \qquad \text{bzw.} \qquad 9 \text{ bis } 15\, M_N \; .$$

Synchrongeneratoren mit Gleichstromzwischenkreis lassen nach vorsichtigen Abschätzungen bei Netzspeisung im zweiphasigen Kurzschluß während der ersten Halbperiode maximal vier- bis fünffaches Nennmoment erwarten. Danach wird keine elektrische Leistung mehr an das Netz abgegeben und das Drehmoment geht gegen Null.

3.4.2.3 Netzstörfälle

Netzstörfälle werden insbesondere hervorgerufen durch Netzkurzschlüsse, Kurzunterbrechungen, Netzspannungsänderungen und Netzfrequenzschwankungen. Bei der Betrachtung ihrer Auswirkungen kann auf die unmittelbar vorstehenden Ausführungen zurückgegriffen werden.

Ein-, zwei- und dreipoliger **Netzkurzschluß** in unmittelbarer Generatornähe ist mit dem Generatorkurzschluß weitgehend identisch. In größerer Distanz vom Generator auftretende Netzkurzschlüsse haben Ströme über die dazwischen liegenden Transformator- und Leitungsimpedanzen zur Folge. Diese Ströme und daraus resultierende Drehmomente werden gegenüber den Generatorkurzschlußwerten entsprechend den begrenzend hinzukommenden Leitungsdaten reduziert. In 3.4.2.2 angegebene Momente beruhen also stets auf den ungünstigsten Annahmen und führen somit zu einer sicheren Auslegung, die einer Simulation extremer Situationen zugrunde gelegt werden kann.

Von Energieversorgungsunternehmen bewußt herbeigeführte **Kurzunterbrechungen (KU)**, bei denen Netzteile während ca. 100 bis 500 ms von der Energieeinspeisung getrennt werden, können durch die Verbindung von Windkraftanlagen mit Verbrauchern zu einem kurzzeitig unbeabsichtigten Inselbetrieb des Gesamtsystems führen. Da i.a. keine Gleichgewichtszustände zwischen Energieeinspeisung und Energieverbrauch gegeben sind, driften Spannung und Frequenz von den Verbundnetzwerten ab. Nach Beendigung dieser Kurzunterbrechung kann es daher im ungünstigsten Fall zu einer Wiederaufschaltung des Generators in Phasenopposition zum Netz kommen. Derartige Erscheinungen sind allerdings auch bei einem Verbund von Windkraftanlagen ohne Speisung auf Verbraucher möglich. Durch Zusammenschluß direkt an das Netz gekoppelter Asynchrongeneratoren und drehzahlvariabler Systeme mit Stromrichterspeisung können während der kurzen Unterbrechungszeit die Asynchrongeneratoren durchaus in den Verbraucher- bzw. Motorbetrieb übergehen. In dieser Situation haben die Komponentenauslegung und die Regelung der einzelnen Anlagen großen Einfluß auf das Verhalten der Turbinen und des gesamten Verbundes (s. Abschnitt 4.1.3).

Änderungen der Netzspannung im üblichen Bereich bringen keine dominierenden Drehmomente mit sich.

Schnelle **Netzfrequenzschwankungen** können in stromrichter-gespeisten (HGÜ) Netzen zu erheblichen Belastungen im Triebstrang und Generator von Windkraftanlagen führen. Obwohl Maximalmomente weit unterschritten bleiben, können derartige Frequenzänderungen insbesondere bei großer Häufigkeit die Lebensdauer des Triebstranges stark beeinträchtigen.

3.5 Nachbildung von Generatoren

Unter Rückgriff auf die vorangehenden Ausführungen über die stationären und dynamischen Drehmomente auf der Generatorseite können vereinfachte Nachbildungsmodelle entwickelt werden. Diese werden für weiterführende Betrachtungen des Zusammenwirkens von Windkraftanlagen mit Versorgungsnetzen und zur Regelung dieser Systeme herangezogen. Dabei wird auf das für Synchronmaschinen übliche Fünfwicklungsmodell [3.11] Bezug genommen.

3.5.1 Synchronmaschinen

In elektrischen Energieversorgungsanlagen (Kraftwerken, Dieselstationen, Notstromaggregaten) kommen hauptsächlich Synchrongeneratoren zum Einsatz. Diese werden, falls z.B. schnelle Erregungsvorgänge erforderlich sind, über Schleifringe fremderregt oder bei bürstenlosen Maschinen - mit erheblich größeren Verzögerungszeiten behaftet - mit Selbsterregung ausgeführt. Die Anwendungsbereiche umfassen sowohl den Netz- und Inselbetrieb als auch den Alleinbetrieb von Versorgungssystemen.

Windkraftanlagen wurden bisher nur in Einzelfällen mit direkt an das Netz gekoppelten Synchrongeneratoren ausgerüstet. Dabei waren meist Maßnahmen zum Abbau mechanischer Schwingungen (z.B. Schwingungstilger am Generatorfundament) erforderlich. Möglichkeiten zur aktiven Dämpfung über entsprechend ausgelegte Wicklungen sind in [3.10] ausgeführt.

Im Netzbetrieb der Synchronmaschine kann das Drehmoment an der Generatorwelle im Zusammenhang mit den Strömen und Spannungen im Stator und Rotor z.B. entsprechend dem Fünfwicklungsmodell [3.11] bzw. [3.12] beschrieben werden, falls z.B. kurzzeitig ablaufende Ausgleichsvorgänge von Interesse sind. Durch ein System von Differentialgleichungen und Flußverkettungen sowie durch die mechanische Drehmoment-Drehzahlbeziehung oder durch ein entsprechendes Blockschaltbild lassen sich definierte Betriebsbereiche mit guter Näherung nachbilden. Hierbei liegen die Zeitkonstanten für die elektrischen Veränderungen bei den Stator- und Rotorströmen im Millisekundenbereich und daher erheblich unter den interessierenden Zeiten im Sekundenbereich für die mechanischen Abläufe. Darüber hinaus werden üblicherweise die

  - Verluste außer acht gelassen, die
  - Eisensättigung als linear angenommen und nur die
  - Wirkung der Grundwelle betrachtet.

Aufgrund dieser idealisierten Annahmen lassen sich die in Abschnitt 3.4.2 in ihrer Auswirkung beschriebenen transienten, subtransienten sowie sättigungsbedingten Vorgänge nicht im erforderlichen Maße berücksichtigen. Es wurden daher vereinfachte Simulationsmodelle der Synchronmaschine entwickelt, die nur auf die Nachbildung interessierender Betriebszustände und Schaltvorgänge zugeschnitten sind. Somit werden hier relevante Betriebsweisen mit vertretbarem Rechenaufwand näherungsweise oder zumindest tendenziell wiedergegeben.

Ergebnisse stark vereinfachter Nachbildungen für die Wirkleistungsregelung eines Turbogenerators [3.11] im Netz- und Inselbetrieb, die nur die mechanische Trägheit des Systems, die Netzfrequenz, die Turbinendrehzahl sowie den daraus resultierenden Polradwinkel ϑ (inclusive Leitungswinkel) und die Spannung berücksichtigen, können erhebliche Abweichungen vom wirklichen Polradwinkel aufweisen. Solche Differenzen sind insbesondere bei Windkraftanlagen aufgrund der häufig notwendigen Erregungsänderungen infolge der unterschiedlichen, dynamischen Lastzustände zu erwarten. Darüber hinaus lassen sich hier interessierende Sonderfälle nicht praxisgerecht nachbilden.

Aus o.g. Vereinfachung lassen sich jedoch Strukturen ableiten, die es erlauben, neben dem stationären Betrieb auch besonders relevante Abläufe wie Einschaltvorgänge, Netzstörungen und Generatorkurzschluß nachzubilden. In der nach Bild 3.5.1 entwickelten Struktur können von der Drehzahl- bzw. Frequenzdifferenz zwischen mechanischem und elektrischem Umlauf ausgehend über den Polradwinkel ϑ und seiner Sinusgröße ($\sin \vartheta$) in Verbindung mit dem stationären Kippmoment M_{KS} näherungsweise das Widerstandsmoment am Generator M_W (als negative Größe im Verbraucherzählpfeilsystem) und die elektrische Abgabeleistung P_{el} bestimmt werden.

Dabei lassen sich je nach dem zu untersuchenden Betriebs- oder Extremzustand durch Variation der Erregung entsprechende Momentänderungen unter Berücksichtigung der Verzögerungszeit T_E und unter Einhaltung minimaler und maximaler Kippmomente im stationären Zustand (M_{KSmin} und M_{KSmax}) berücksichtigen. Weiterhin können im Kurzzeitbereich (T_V) wirkende dynamische Momentenerhöhungen m_{dyn} gegenüber dem statischen Kippmoment M_{KS} und Dämpfungserscheinungen (k_D) entsprechend den Maschinendaten Abschnitt 3.4 mit erfaßt werden. Elektrische und magnetische Abläufe sowie der Eigenverbrauch der Synchronmaschine z.B. durch Erregung werden hier nicht betrachtet.

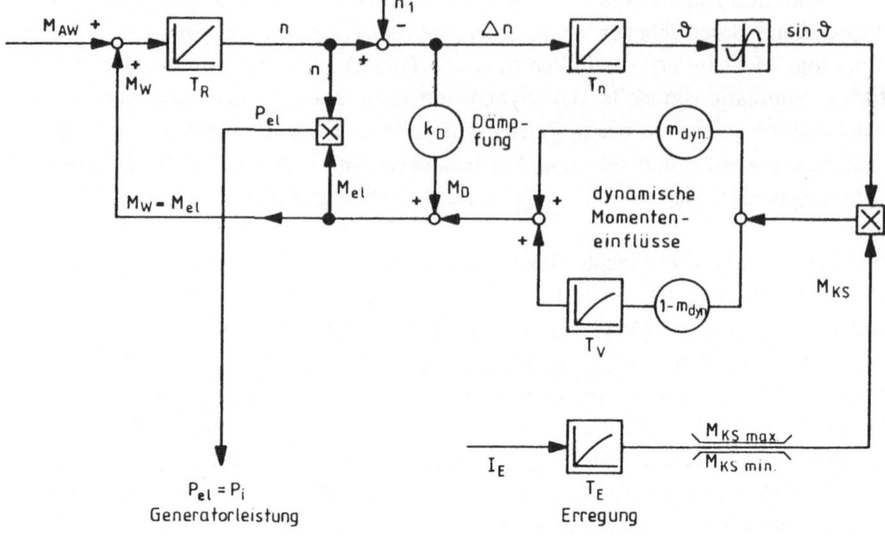

Bild 3.5.1: Vereinfachte Struktur zur Bildung des Widerstandsmomentes am Synchrongenerator

Auf die Bildung des elektrischen Drehmomentes und auf die Wirkung des mechanischen Teils der Synchronmaschine reduziert, lassen sich also mit Hilfe der in Bild 3.5.1 entwickelten Struktur stationäre und dynamische Vorgänge bei minimalem Rechenaufwand mit guter Näherung nachvollziehen.

Einen Vergleich der Simulationsergebnisse zwischen dem Fünfwicklungsmodell [3.12] und der Struktur nach Bild 3.5.1 zeigt Bild 3.5.2 für neutral- und übererregten Zustand der Synchronmaschine bei Momentensprüngen von halber und voller Nenngröße. Die dargestellten Reaktionen des elektrischen Generatormomentes und des Polradwinkels lassen aus beiden Nachbildungen für alle 4 Lastfälle nahezu identische Extremwerte und Verläufe erkennen. Somit bietet die Struktur nach Bild 3.5.1 die Möglichkeit, das Lastverhalten der Synchronmaschine bei erheblich verringertem Rechenaufwand mit guter Genauigkeit wiederzugeben.

Bei der Ermittlung des elektrischen Drehmomentes wird dabei nicht von elektrischen Strömen und magnetischen Flüssen ausgegangen, sondern es wird nur deren Wirkung - soweit möglich - analytisch bzw. durch Strukturblöcke nachgebildet. Das hier dargestellte Modell behält seine Gültigkeit nur, wenn die Maschine nicht außer Tritt fällt, d.h. so lange der Polradwinkel 90° oder entsprechend 1,57 rad nicht überschreitet.

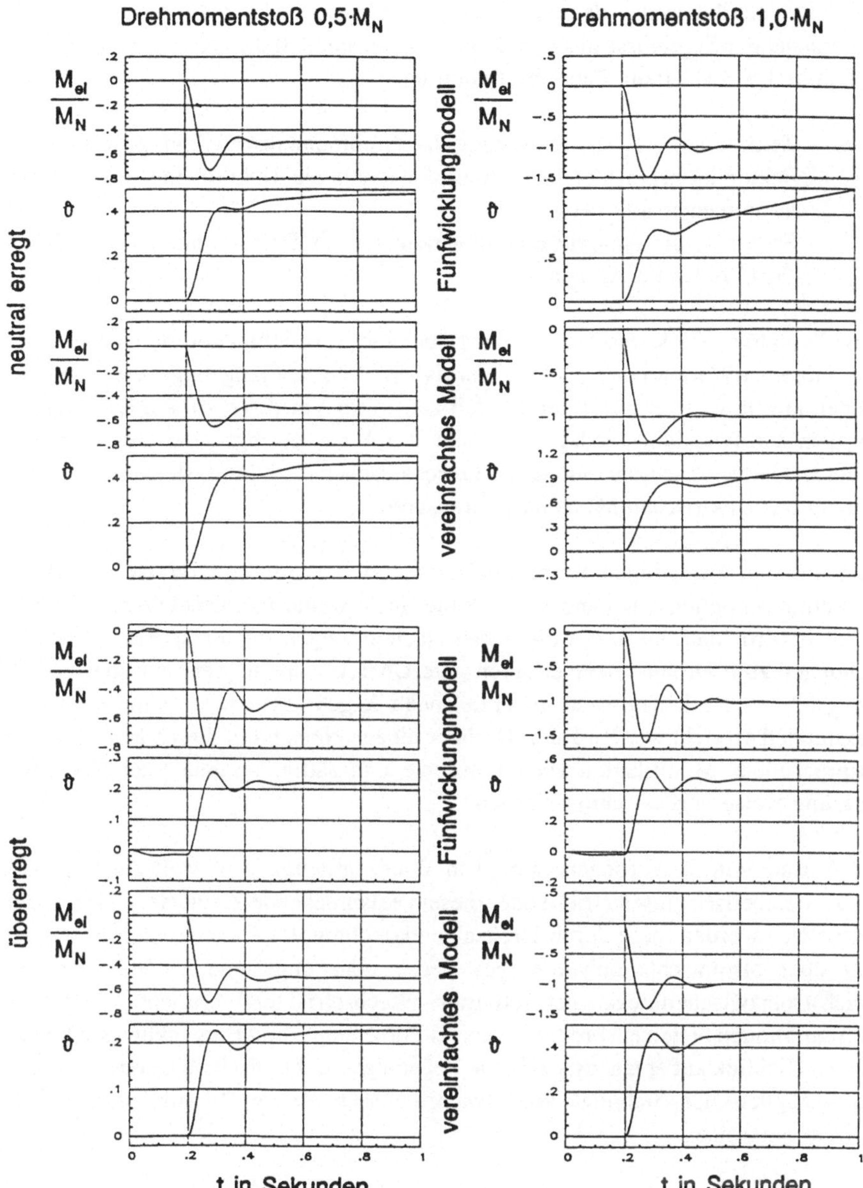

Bild 3.5.2: Vergleich der Simulationsergebnisse (elektrisches Generatormoment und Polradwindkel) zwischen Fünfwicklungsmodell und vereinfachtem Modell nach Bild 3.5.1 (Eingangsgröße Drehmomentsprung von 0 auf 0,5 bzw. 1,0 M_N im Bild nicht dargestellt)

94

Für die Nachbildung des **dreipoligen Kurzschlusses** der Synchronmaschine läßt sich anhand der Ergebnisse aus dem Fünfwicklungsmodell die vereinfachte Struktur nach Bild 3.5.3 ableiten. Dabei bestimmt die

- Zeitkonstante T_D die Dämpfung der Drehmomentschwingung, der
- Faktor $k_{\ddot{U}}$ neben der Dämpfung die maximale Überhöhung des Generatormomentes und der
- Faktor $k_{\ddot{A}}$ die Änderungsgeschwindigkeit des Polradwinkels nach "außer Tritt" fallen des Generators.

Zum Zeitpunkt des Kurzschlusses wird über die Sprungfunktion auf den jeweils zugewiesenen Werten von $k_{\ddot{A}}$ und $k_{\ddot{U}}$ der dynamische Vorgang eingeleitet. Berechnungen mit diesem vereinfachten Modell zeigen im Vergleich zu den Ergebnissen aus dem Fünfwicklungsmodell nach Bild 3.5.4 nur geringfügige Unterschiede. Dabei wird eine Beschränkung auf den mechanischen Teil des Systems und auf die Bildung des elektrischen Momentes vorausgesetzt.

Auch für den zweipoligen Kurzschluß lassen sich in analoger Weise erweiterte Darstellungsmöglichkeiten angeben, die hier nicht weiter betrachtet werden sollen. Deutlich wird, daß mit derart einfachen Nachbildungen für die speziellen Untersuchungen zum Drehmomentverhalten gute Übereinstimmung zu den über erheblich größeren Rechenaufwand zu erzielenden Ergebnissen nach dem Fünfwicklungsmodell erreicht werden kann. Darüber hinaus können mit diesen Modellen bei entsprechender Modifikation auch transiente und sättigungsabhängige Vorgänge näherungsweise berücksichtigt werden.

Der Einsatz von Synchrongeneratoren in Windkraftanlagen ist weitestgehend auf ihren Alleinbetrieb (Inselbetrieb) oder diesem entsprechende Zustände begrenzt. Im Netzbetrieb werden diese durch Drehzahlentkopplung des Generators vom starren Netz über Stromrichtereinheiten (gesteuerter oder ungesteuerter Gleichrichter, Gleichstromzwischenkreis, netzgeführter Wechselrichter) erreicht. Derartige Konfigurationen bieten ein breit gefächertes Forschungs- und Entwicklungspotential z.B. im Hinblick auf anlagenspezifische Regelungs- und Betriebsführungsstrategien und bezüglich der Stabilität von Synchronmaschinen in Zusammenarbeit mit Gleichstromkreisen.

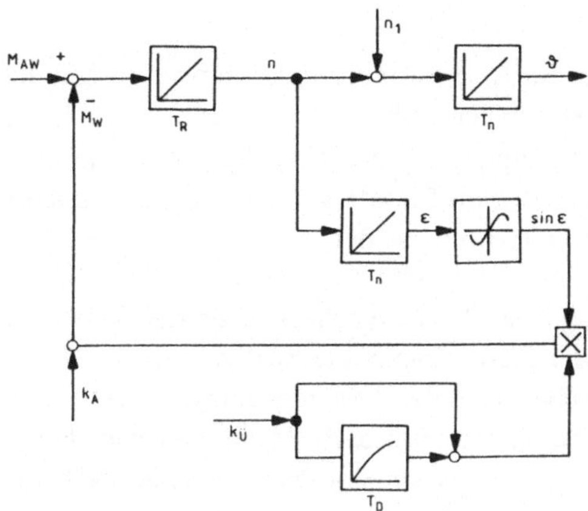

Bild 3.5.3: Vereinfachte Struktur zur Nachbildung des Generatormomentes bei dreipoligen Schaltvorgängen und Kurzschlüssen

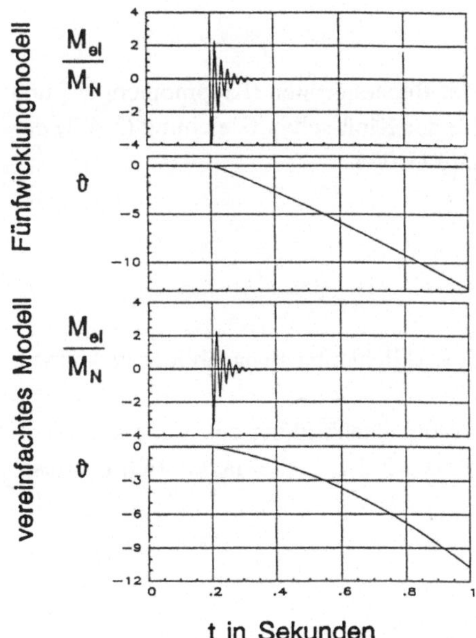

Bild 3.5.4: Vergleich der Simulationsergebnisse (elektrisches Generatormoment und Polradwinkel) zwischen Fünfwicklungsmodell und vereinfachtem Modell nach Bild 3.5.3 bei dreiphasigem Kurzschluß

3.5.2 Asynchronmaschinen

Die elektrischen Ausgleichsvorgänge im Asynchrongenerator können in dem hier interessierenden, für mechanische Belastungen maßgebenden, Zeitbereich, ähnlich wie bei der Synchronmaschine, in vereinfachter Weise nachgebildet und erfaßt werden. Weiterführende Aspekte speziell zum Einsatz von Asynchrongeneratoren in Windkraftanlagen werden in Abschnitt 3.6 behandelt.

Im Gegensatz zur Synchronmaschine besteht im asynchronen Betrieb keine vollständig drehzahlstarre Kopplung zum Netz. Durch die schlupfvariable Netzanbindung von Asynchrongeneratoren über die großen Schwungmassen des Windrades nehmen dynamische Momente eine untergeordnete Rolle ein. Demnach können kurzfristige Momentenerhöhungen bei dynamischen Vorgängen in erster Näherung vernachlässigt oder falls erforderlich in Analogie zu Bild 3.5.1 mit Hilfe der in Abschnitt 3.4.2 angegebenen Werte im elektrischen Moment M_{el} berücksichtigt werden.

Das asynchrone Widerstandsmoment an der Generatorwelle läßt sich grob vereinfacht mit Hilfe der stationären Drehmoment-Drehzahl-Kennlinie des Grundwellenfeldes nachbilden.

Dabei sind z.T. gravierende Korrekturen der Rechengrößen (Kippmoment M_K und Kippschlupf s_K) vorzunehmen, um mit Hilfe der Kloß'schen Gleichung (3.4.2) das schlupfabhängige Drehmoment als stationäre Größe

$$M_s \quad = \quad \frac{2\,M_K}{\dfrac{s}{s_K} + \dfrac{s_K}{s}}$$

meist eingesetzter Stromverdrängungsläufer wirklichkeitsnah nachbilden zu können.

Bild 3.5.5 gibt eine entsprechende Struktur zur Nachbildung des Widerstandsmomentes an der Welle des Asynchrongenerators wieder. Dabei lassen sich Einflüsse durch Veränderung der Netzfrequenz

$$f_1 \quad = \quad p\,n_1 \tag{3.5.1}$$

in Verbindung mit der Polpaarzahl p über den Schlupf

$$s \quad = \quad \frac{\Delta n}{n_1} \quad = \quad \frac{n_1 - n}{n_1} \tag{3.5.2}$$

sowie über das statische Moment M_s und das elektrische Moment M_{el} in der Generatorausgangsgleichung berücksichtigen. Netzspannungsschwankungen finden durch die näherungsweise gültige Proportionalität zwischen Drehmoment und Spannungsquadrat

$$M_{el} \approx f\left(U_1^2\right) \qquad\qquad (3.5.3)$$

bzw. in Verbindung mit der stationären Rechengröße M_s bei der Bildung des elektrischen Momentes

$$\frac{M_{el}}{M_N} = \left(\frac{U_1}{U_N}\right)^2 \left(\frac{M_s}{M_N}\right) \qquad\qquad (3.5.4)$$

Beachtung.

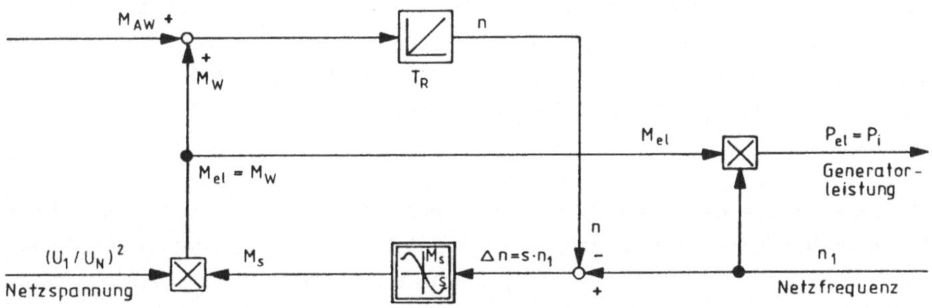

Bild 3.5.5: Bildung des Widerstandsmomentes am Asynchrongenerator

Die tatsächlichen Zustände bringen infolge der erwähnten dynamischen Zusatzmomente neben einer höheren mechanischen Belastung der Komponenten i.a. ein überlastungssichereres Verhalten des Generators mit sich. Dabei wird allerdings meist die Wellenbelastung entsprechend Abschnitt 3.4 vergrößert. Hieraus resultierende elektrische Ausgleichsvorgänge wirken auch auf die nachfolgend zu betrachtende elektrische Energieübertragung und auf die Verbraucher ein.

Aufgrund der schlupfbedingten Drehzahlvarianz von Asynchronmaschinen sind im Normalbetrieb dynamische Momente von untergeordneter Bedeutung.

3.6 Auslegungsaspekte für Asynchrongeneratoren

Anhand der Vorbetrachtungen in Abschnitt 3.3 und aufgrund von Betriebserfahrungen sowie Simulationsergebnissen lassen sich für die hauptsächlich im Einsatz befindlichen Asynchrongeneratoren im folgenden einige Tendenzen für die Auslegung angeben.

Im Gegensatz zur Betriebsweise bei Dieselaggregaten werden an Asynchrongeneratoren für den Einsatz in Windkraftanlagen abweichende Anforderungen gestellt. So können bei Dieselaggregaten hohe Leerlaufverluste des Generators im Hinblick auf die Betriebseigenschaften durchaus erwünscht sein. Sie bringen geringere Motorverrußung bei nur unwesentlich erhöhtem Brennstoffeinsatz. Weiterhin ergeben sich hinsichtlich des Betriebsverhaltens erhebliche Vorteile. Momentenschwankungen werden z.B. bei Entlastung merklich vermindert, was geringere Frequenzabweichungen zur Folge hat. In Windkraftanlagen sind Leerlaufverluste jedoch generell unerwünscht, weil durch sie die Umsetzung kleiner Windgeschwindigkeiten in elektrische Leistung erschwert wird und damit sich die Stillstandzeiten der Anlagen erhöhen.

Bei guter mechanischer Auslegung des Generators hat der Sättigungszustand des magnetischen Kreises wesentlichen Einfluß auf die Leerlaufverluste. Große magnetische Sättigung hat i.a. hohe Leerlaufverluste zur Folge. Lastvariationen rufen jedoch mit größer werdender Sättigung geringere Spannungsänderungen hervor. Darüber hinaus wird die Belastungsfähigkeit des Generators (insbesondere bei Einschalt- und Stoßbelastung) infolge des hohen magnetischen Energieinhaltes wesentlich erhöht. Somit läßt sich durch hohe Generatorsättigung die Regelbarkeit und das Betriebsverhalten von Dieselaggregaten günstig gestalten.

Beim Einsatz derart ausgelegter Generatoren in Windkraftanlagen können jedoch insbesondere im Bereich niedriger Windgeschwindigkeiten Betriebsprobleme entstehen.

Im Alleinbetrieb von Windenergieanlagen setzt i.a. nach dem Hochlauf der Turbine die Generatorerregung ein. Dadurch hervorgerufene Leerlaufverluste können bei hoher Sättigung im unteren Windgeschwindigkeitsbereich vom Turbinenantriebsmoment vielfach nicht abgedeckt werden, so daß die Anlagendrehzahl bis zur Generatorentregung absinken kann. Das Wegfallen erheblicher Verlustanteile hat eine nachfolgende Turbinenbeschleunigung zur Folge. Dieser Pendelvorgang kann sich in einem bestimmten Windgeschwindigkeitsbereich ständig wiederholen, falls die Betriebsführung der Anlage keine Eingriffe vornimmt.

Im Netzbetrieb von Windkraftanlagen ergeben sich insbesondere bei hoher Sättigung des Generators Einschaltströme, die Sicherungen auslösen und Wicklungen erheblich belasten können (s. Abschnitt 3.4.2.1). Darüber hinaus müssen Wirkungsgradeinbußen und überaus schlechte Leistungsfaktoren in Kauf genommen werden. Bei einer Angleichung der bisherigen Normspannungen auf 230/400 V können neben den hier diskutierten Aspekten auch sicherheitstechnische Belange [3.13] an Bedeutung gewinnen.

Bei einer weiterführenden Behandlung der Vorgänge in Asynchrongeneratoren kommt dem Verhalten der induzierten Spannung U_i besondere Bedeutung zu, da durch sie der Sättigungsgrad des magnetischen Kreises wesentlich geprägt wird.

Nach Bild 3.3.1.a) ergibt sich für die induzierte Spannung

$$\underline{U}_i \;=\; \underline{U}_1 - (R_1 + j\, X_{1\sigma})\, \underline{I}_1 \; . \tag{3.6.1}$$

Entsprechend der allgemein üblich vereinfacht als I_1-Kreis darstellbaren Stromortskurve läßt sich für die induzierte Spannung ein U_i-Kreis ableiten, der die reelle Achse im Leerlauf nahe bei U_1 und im Stillstand etwa bei $U_1/2$ schneidet. Beide Ortskurven sind in Bild 3.6.1 für eine generatorisch ausgelegte Asynchronmaschine mit 22 kW Nennleistung beispielhaft für größere Asynchronmaschinen im motorischen und generatorischen Nennbetrieb dargestellt. Der Vollständigkeit halber wurde auch der I_μ-Kreis eingezeichnet, auf den hier nicht näher eingegangen werden soll. Sättigungsbedingte Einflüsse auf die Ortskurven, die zu starken Abweichungen von der Kreisform führen, sind nicht berücksichtigt worden.

Aufgrund der Ortskurve für die induzierte Spannung zeigt sich im Normallastbetrieb eines Generators ein deutlicher U_i-Anstieg gegenüber dem Motorbetrieb. Asynchronmaschinen gelangen daher im generatorischen Bereich erheblich stärker in den Sättigungszustand als im motorischen Fall. Ihre Leerlaufverluste steigen und ihr Leistungsfaktor sinkt ab. Beide Größen nehmen daher erheblich schlechtere Werte an. Die folgenden Darstellungen zeigen dies deutlich.

Um betriebstechnische Möglichkeiten und gegebene Problemstellungen sowie energetische Auswirkungen entsprechend der Maschinenwahl aufzeigen zu können, wurden meßtechnische Untersuchungen an fünf verschiedenen Asynchronmaschinen gleicher Baugröße mit

- 11 kW Nennleistung,
- motorischer bzw. generatorischer Auslegung,
- leistungsklassenbedingten Schlupfwerten sowie deren Erhöhung durch
  · konstruktive Veränderungen bei einer Kurzschlußläufermaschine oder durch

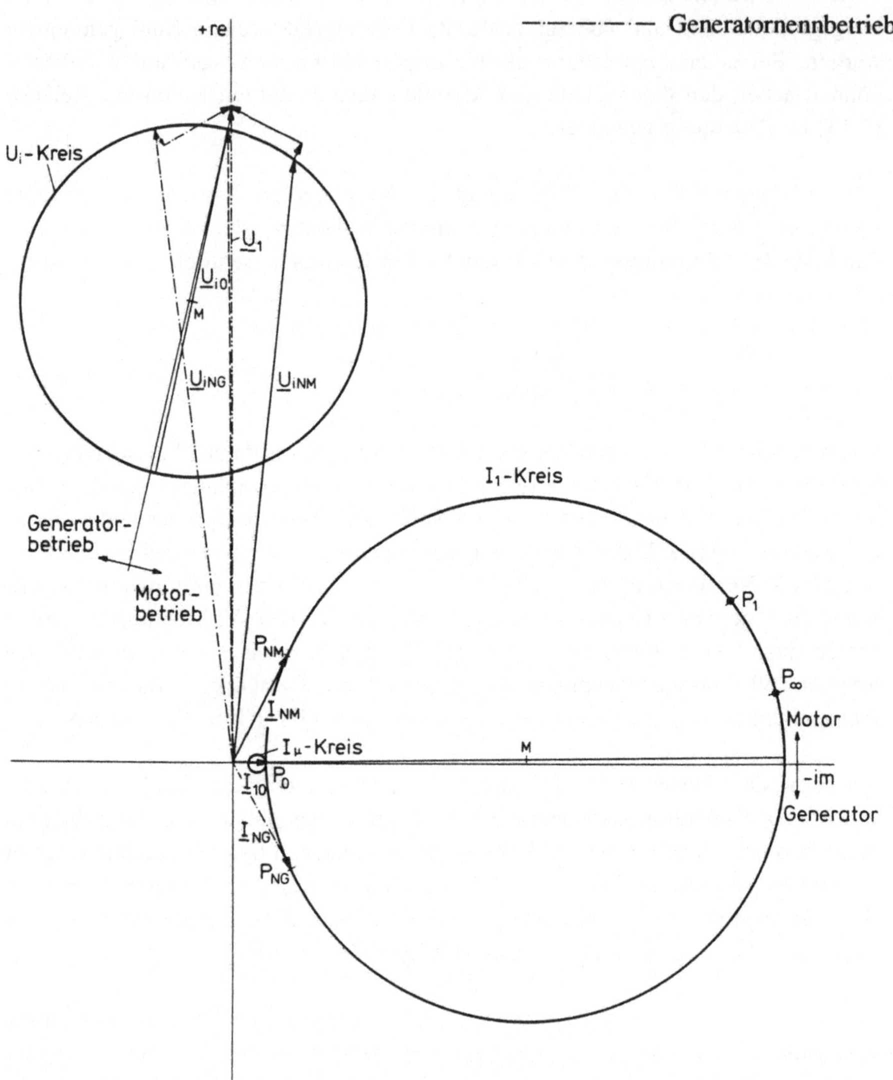

Bild 3.6.1: Ortskurven einer 22-kW-Asynchronmaschine für
- Statorstrom (I_1-Kreis)
- Statorspannung (U_i)
- Magnetisierungsstrom (I_μ-Kreis) und
- induzierte Spannung (U_i-Kreis)

- schaltungstechnische Maßnahmen mit Hilfe von Zusatzwiderständen im
  Läuferkreis einer Schleifringläufermaschine bei
- unterschiedlichen Statorspannungen zwischen 280 und 500 V bzw. 320
  und 480 V im
- elektrischen Leistungsbereich vom
  - generatorischen bzw.
  - motorischen Leerlauf bis
  - maximal 1,3-facher Nennleistung

durchgeführt. Dabei wurde die Leistungsklasse so gewählt, daß die Maschinen bereits für große Einheiten charakteristische Merkmale aufweisen.

Um das unterschiedliche Verhalten der einzelnen Maschinen aufzeigen und Hinweise für die Auslegung von Generatoren speziell für den Einsatz in Windkraftanlagen darlegen zu können, soll im folgenden eine kleine Auswahl aus dem umfangreichen Versuchsprogramm anhand einiger Kennfelder von ausgewählten Maschinen (generatorisch, motorisch ausgelegt, Schleifringläufer) wiedergegeben werden. Die relevanten Kenngrößen

- aufgenommene Wirkleistung,
- Scheinleistung,
- Blindleistung,
- Statorstrom,
- Wirkungsgrad,
- Leistungsfaktor und
- Schlupf des Generators werden im folgenden

in Abhängigkeit von der

- abgegebenen elektrischen Leistung und der
- Statorspannung

räumlich dargestellt. Dabei wurde die Netzspannung mit Hilfe eines Stelltransformators an die gewählten Statorspannungsreihen angepaßt. Um die in unterschiedlichen Distanzen gemessenen Leistungswerte in dem hier gewählten Leistungsraster (mit 1 kW-Schritten) darstellen zu können, mußten die Meßwerte interpoliert werden.

In Bild 3.6.2 werden für eine generatorisch ausgelegte Asynchronmaschine die Meßwerte von der höchsten Spannung ausgehend in abnehmender Richtung wiedergegeben. Dadurch werden insbesondere mit der Spannung monoton ansteigende Tendenzen, wie sie bei der Schein-, Blind- und mechanischen Aufnahmeleistung sowie teilweise beim Wirkungsgrad vorherrschen, deutlich zum Ausdruck gebracht. Mit steigender Spannung abfallende Werte, wie sie sich beim Leistungsfaktor und Schlupf ergeben, bleiben dagegen infolge von Überschneidungen z.T. nur schwer erkennbar. Derartige tendenzielle Zusammenhänge geben allerdings die nachfolgenden Bilder mit ansteigender Spannungsrichtung eindeutig wieder.

Bild 3.6.2.a,b) veranschaulicht den Anstieg der Schein- und Blindleistung mit größer werdenden Werten der Statorspannung und der Leistungsabgabe. Die Steigerungen in Spannungsrichtung sind auf Sättigungserscheinungen im magnetischen Kreis und damit verbundener Stromerhöhung bei Spannungszunahme insbesondere im Leerlauf und bei kleineren Leistungen zurückzuführen. Daraus resultierende Erhöhungen der Kupfer- und Eisenverluste in der Maschine erfordern entsprechend Bild 3.6.2.c) größere Antriebsleistungswerte.

Das Stromminimum durchläuft nach Bild 3.6.2.d) die aufgespannte Ebene vom kleinsten Spannungswert (280 V) im Leerlauf zum Höchstwert der Abgabeleistung bei ca. 460 V. Große elektrische Ausgangsleistungen bei niedrigen Spannungswerten bringen somit infolge der Leistungsanforderungen hohe Statorströme mit sich. Bei hohen Spannungen sind diese aufgrund der hohen Sättigung auf die großen Magnetisierungsanteile zurückzuführen.

Bild 3.6.2.e) läßt erkennen, daß der Wirkungsgrad bei großen Spannungen, d.h. bei Auslegung der Maschine im stark gesättigten Bereich, stetig ansteigt. Bei niedrigen Spannungen und somit ungesättigter Dimensionierung wird das Wirkungsgradmaximum dagegen bereits bei ca. halber Nennleistung erreicht. Größere Abgabeleistungswerte bringen hier nur geringe Wirkungsgradeinbußen mit sich, was bei Windkraftanlagen, die hauptsächlich mit Teillast betrieben werden, durchaus wünschenswert sein kann. Darüber hinaus zeigt sich nach Bild 3.6.2.f), daß bei stark gesättigten Maschinen erst im Überlastbereich generatortypisch gewünschte Leistungsfaktorwerte erreicht werden. Ungesättigte Auslegung bringt dagegen bereits bei ca. 2/3 Nennleistung maximalen Leistungsfaktor mit sich. Derart festgelegte Maschinenkonstruktionen haben weiterhin entsprechend der in Bild 3.6.2.g) dargestellten Schlupfebene (im unteren Spannungsbereich) also große Schlupfwerte zur Folge, was bei den stets vorhandenen Drehmomentschwankungen an der Turbine hohen Elastizitäts- und Nachgiebigkeitsgrad im Triebstrang mit sich bringt. Damit werden Leistungsfluktuationen vermindert und stark wechselnde Bauteilbelastungen im gesamten Energieübertragungszweig erheblich abgebaut. Messungen an unterschiedlich ausgelegten Maschinen haben ergeben, daß Generatoren bei ungefähr gleichen Antriebsmomentschwankungen bei einem vierfach höheren Nennschlupfwert in etwa ein Viertel der Leistungsfluktuationen gegenüber normaler Auslegung an das Netz abgeben.

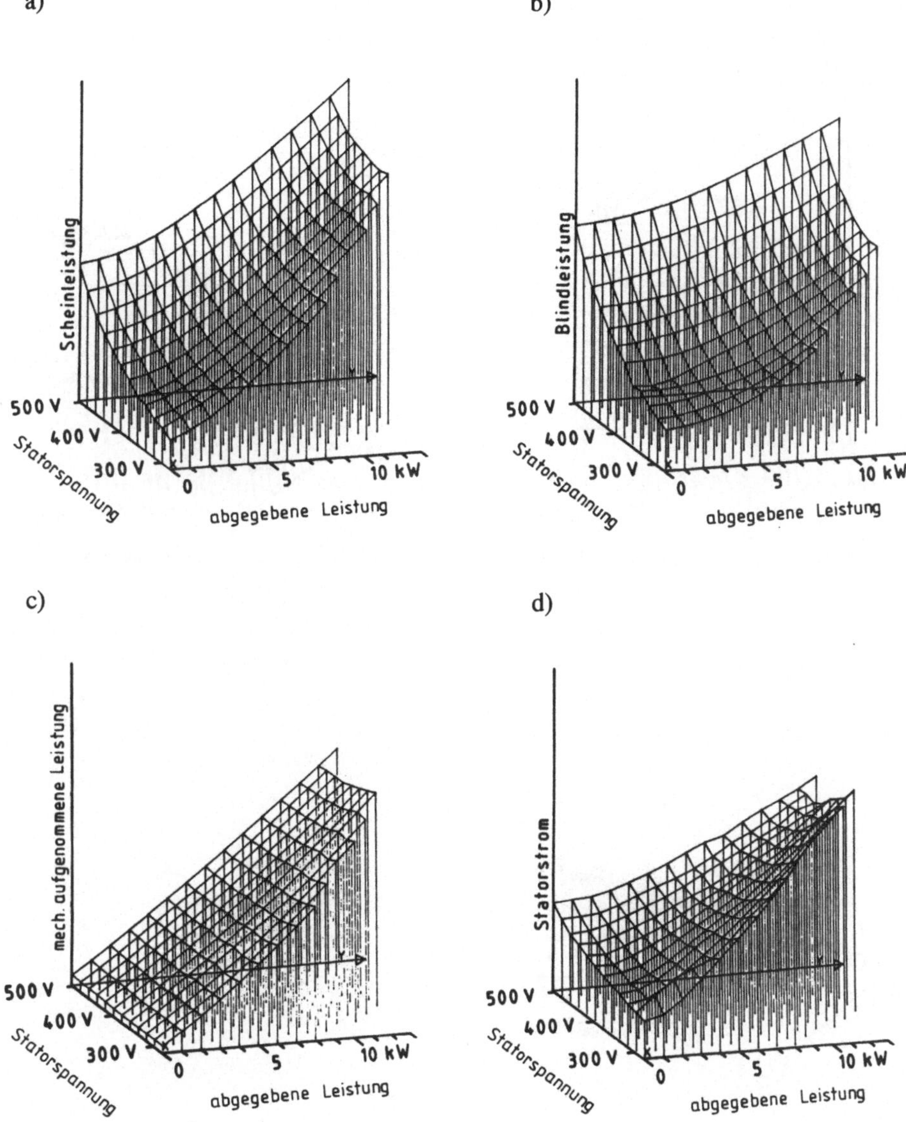

Bild 3.6.2 a-d):   Kenngrößen a), Schein- b), Blind- und c) Aufnahmeleistung sowie d) Statorstrom einer **generatorisch** ausgelegten Asynchronmaschine (11 kW Nennleistung) in Abhängigkeit von der elektrischen Leistung und der Statorspannung (Ergebnisse aus Meßreihen)

e)

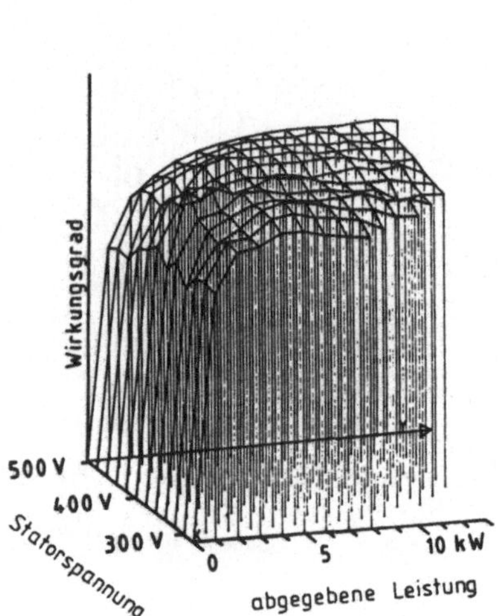

f)

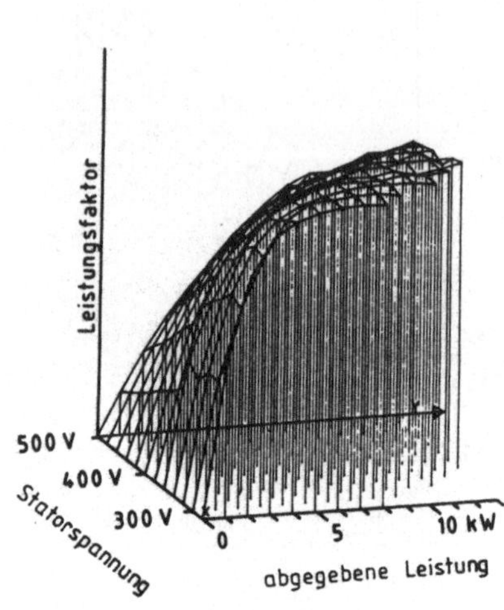

g)

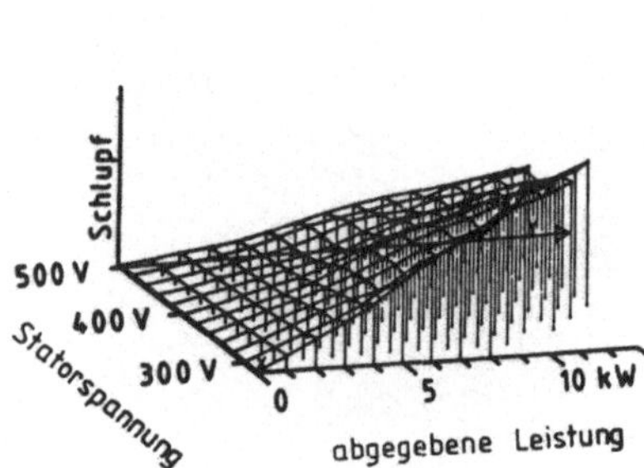

Bild 3.6.2 e-g): Kenngrößen e), Wirkungsgrad f), Leistungsfaktor und g) Schlupf einer **generatorisch** ausgelegten Asynchronmaschine (11 kW Nennleistung) in Abhängigkeit von der elektrischen Leistung und der Statorspannung (Ergebnisse aus Meßreihen)

Es sollen daher im folgenden die Generatorkenngrößen einer motorisch ausgelegten Schleifringläufermaschine bei unterschiedlichem Schlupfverhalten charakterisiert werden, das mit Hilfe von Zusatzwiderständen im Läuferkreis hervorgerufen wurde. In Bild 3.6.3 werden relevante Kenngrößen bei verschiedenen Schlupfgrößen vergleichend dargestellt. Dabei wurde die Maschine mit kurzgeschlossenem Läufer bei ca. 3 % Nennschlupf bzw. mit Zusatzwiderständen im Rotorkreis betrieben, die so gewählt wurden, daß die Maschine bei Nennlast und Nennspannung 7, 14 bzw. 21 % Nennschlupf aufweist.

Bild 3.6.3 zeigt bei größeren Schlupfwerten aufgrund der erhöhten Verluste im Läuferkreis einen Anstieg der Leistungsaufnahme und somit auch eine Verschlechterung des Maschinenwirkungsgrades insbesondere im Vollastbereich. Die mechanisch aufgenommene Leistung nimmt mit größer werdendem Schlupf zu.

Die Statorstrom- und Leistungsfaktorwerte zeigen hingegen nur überaus geringfügige Unterschiede. Sie sind bei entsprechender Statorspannung und Generatorbelastung für alle Schlupfwerte nahezu identisch.

Schließlich verdeutlichen die Schlupfebenen die überaus starke Spannungsabhängigkeit dieser Größe und deren erhebliche Zunahme mit kleiner werdender Spannung. Diese Tendenz wird in besonders ausdrucksvoller Weise anhand der Ebene mit den größten Schlupfwerten (21 % bei Nennbetrieb) verdeutlicht. Somit läßt sich eine angestrebte Schlupfgröße sowohl durch die Wahl des

    - Läuferwiderstandes in Verbindung mit der
    - Läuferstreuung (s.Gl.(3.4.4)) als auch durch

Festlegung der

    - Statorspannung

erreichen.

Wie eingangs dieses Abschnitts mit Hilfe der abgeleiteten Ortskurve für die induzierte Spannung bereits deutlich aufgezeigt wurde, sind für die motorische Auslegung gegenüber der generatorischen Dimensionierung von den Maschinen sehr unterschiedliche Verhaltensweisen zu erwarten. Durch direkten Vergleich der relevanten Kenngrößen sollen in Bild 3.6.4 gravierende Tendenzen und konstruktive Einflußmöglichkeiten aufgezeigt werden.

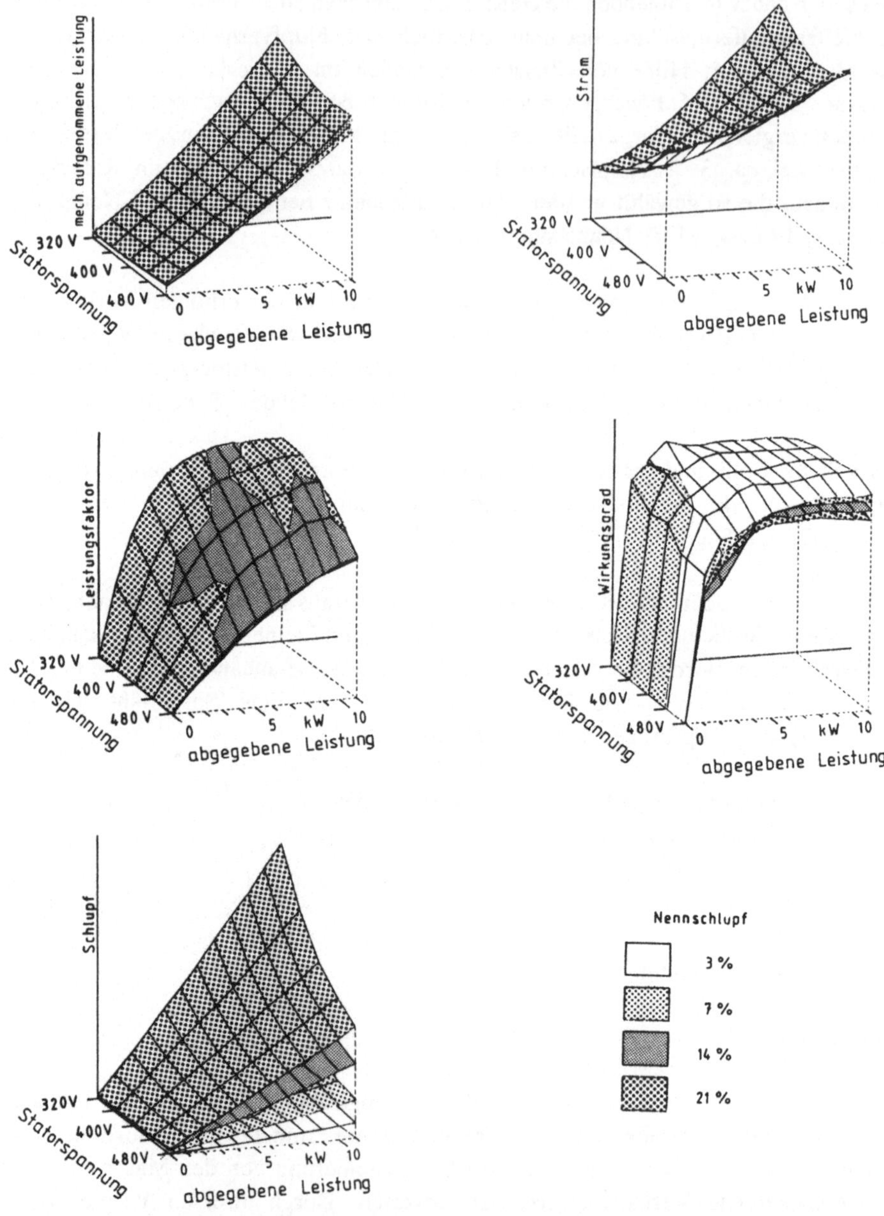

Bild 3.6.3: Kenngrößenvergleich einer motorisch ausgelegten Asynchronmaschine mit **Schleifringläufer** (11 kW Nennleistung) bei unterschiedlichem Nennschlupf in Abhängigkeit von der elektrischen Generatorleistung und der Statorspannung (Ergebnisse aus Meßreihen)

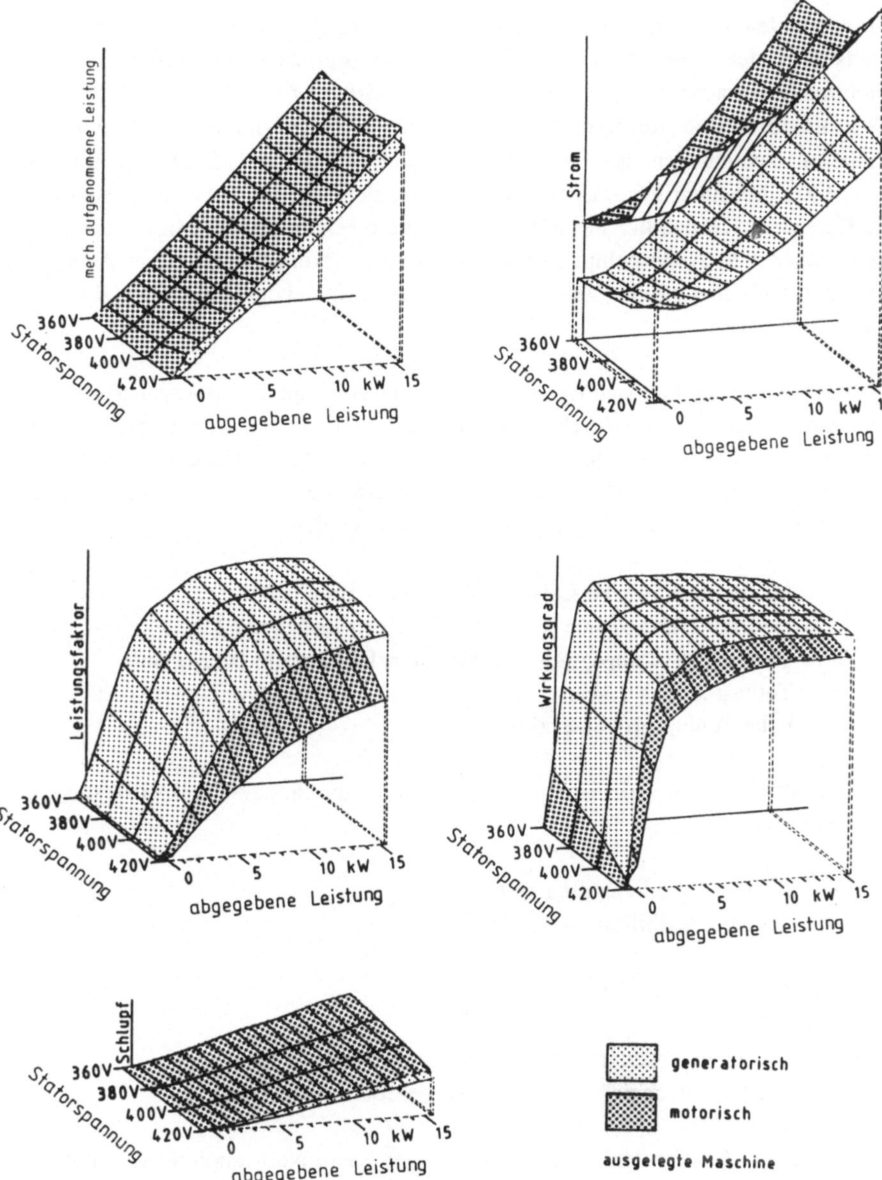

Bild 3.6.4: Kenngrößenvergleich **motorisch und generatorisch** ausgelegter Asynchronmaschinen (11 kW Nennleistung) in Abhängigkeit von der elektrischen Generatorleistung und der Statorspannung (Ergebnisse aus Meßreihen)

Die aufgenommene mechanische Leistung und insbesondere die Statorströme liegen im gesamten Generatorbetriebsbereich bei der motorisch ausgelegten Maschine stets über den Generatorwerten. Der überproportional starke Stromanstieg bei höheren Spannungen verdeutlicht die hohen Sättigungseinflüsse des Motors. Im Wirkungsgrad und vor allem im Leistungsfaktor liegen die Werte besonders bei höheren Spannungen bei generatorisch dimensionierten Maschinen erheblich günstiger. Bei niedrigeren Spannungen zeigen sich dagegen nur noch geringfügige Differenzen. Hinsichtlich des Schlupfes zeigt die generatorische Maschine mit 3 % gegenüber 4 % Nennschlupf des Motors durch wirkungsgradgünstige Auslegung bedingt deutlich steiferes Verhalten, das eine entsprechend festere Netzkopplung zur Folge hat.

Zusammenfassend läßt sich feststellen, daß eine Auslegung von Asynchronmaschinen für den Einsatz in Windkraftanlagen besonders auf niedrigen Sättigungsgrad ausgerichtet sein sollte. Bild 3.6.1 verdeutlicht dies, da der Generator im Normalbetrieb stets größere induzierte Spannungswerte und somit höhere Sättigungszustände erreicht als im Motorbetrieb. Hiermit werden

- kleine mechanische Leistungsaufnahme, möglichst
- niedrige Statorströme bei dem jeweiligen Lastzustand,
- günstige Wirkungsgrad- und Leistungsfaktorwerte bereits im
- Teillastbereich sowie
- hohe Schlupfgrößen erzielt.

Insgesamt läßt sich bei Asynchrongeneratoren durch derartige Auslegung mit geringfügigen

- Wirkungsgradeinbußen eine
- höhere Flexibilität

erreichen und entsprechend

- geringere Triebstrangbelastungen aufgrund
- besserer Nachgiebigkeit im Turbinenrotationssystem

ermöglichen. Auf die daraus folgende weniger starre Netzkopplung soll im weiteren eingegangen werden.

4 Elektrische Energieübergabe an Versorgungsnetze

Im Hinblick auf die Energieabnahme aus elektrischen Versorgungseinrichtungen
sind Unterschiede zu beachten zwischen

- Systemen mit begrenzten Einspeisemöglichkeiten, die im Inselbetrieb und
  bei Einspeisung in kleine Netze gegeben sind, bzw. im
- unbegrenzt aufnahmefähigen Verbund mit dem starren Netz.

Windkraftanlagen sollten in beiden Einsatzbereichen einen sicheren Betrieb ermöglichen.

Das sogenannte starre Verbundnetz kann üblicherweise aufgrund des Leistungsvermögens gegenüber den Nennwerten angeschlossener Verbraucher als unendlich
ergiebige Wirk- und Blindstromquelle und für kleine einspeisende Energieversorgungseinrichtungen, die Windkraftanlagen i.a. darstellen, als unbegrenzt aufnahmefähige Senke mit konstanter Spannung und Frequenz betrachtet werden.

Im Gegensatz zu thermischen Kraftwerken werden Windturbinen jedoch meist an
entlegenen Stellen mit begrenzten Einspeisemöglichkeiten errichtet. Dadurch ist
vielfach eine schwache Netzanbindung über z.T. lange Stichleitungen anzutreffen.
Bei großen Windkraftanlagen und Windparks kann somit die Einspeiseleistung
durchaus in die Größenordnung oder gar in die Nähe des Netzleistungsvermögens
gelangen, so daß gegenseitige Einflüsse Berücksichtigung finden müssen.

Die Einwirkungen von Windkraftanlagen auf Netze können einerseits

- Sicherheitsaspekte und den Netzschutz mit dem Einfluß auf die

  · Sicherungen und die
  · Kurzschlußleistung umfassen sowie die
  · Funktion von Schalteinrichtungen

tangieren. Andererseits sind Netzrückwirkungen möglich, die Veränderungen bei

- Oberschwingungen und Spannungsschwankungen sowie bei der
- Netzregelung

hervorrufen können.

In der elektrischen Energieversorgung, bei der Planung der Energieverteilung
sowie der Auslegung der Netzschutzeinrichtungen wird bisher weitgehend von

zentralen Elektrizitätseinspeisern mit einer Energieverteilung zu dezentral gelegenen Endverbrauchern ausgegangen. Durch die Integration dezentral angeordneter Windkraftanlagen in gegebene Versorgungsstrukturen sind aber insbesondere im Hinblick auf die Schutzeinrichtungen mögliche Veränderungen zu berücksichtigen.

4.1 Netzschutz

Der Netzschutz umfaßt Maßnahmen gegen überhöhte Ströme und Spannungen in den einzelnen Versorgungsebenen, die an Komponenten und Einrichtungen Schäden verursachen können. Maßnahmen gegen Überspannungen sind bekannt und sollen daher nicht weiter betrachtet werden.

In das Verteilungssystem einspeisende Windkraftanlagen können die Funktion von (Überstrom-) Sicherungen beeinträchtigen, die Koordination von Wiedereinschaltvorrichtungen behindern, ungewollten Inselbetrieb bei Kurzunterbrechungen oder Netzausfall verursachen und somit ursprünglich vorhandene und funktionierende Sicherheitskonzepte außer Kraft setzen.

4.1.1 Sicherungen und Netztrennung

Bei Netzfehlern, die zwischen einer Netzsicherung und der zugehörigen Wiedereinschaltvorrichtung z.B. durch Kurzschluß auftreten, kann ein Generator auf der Lastseite weiterhin Strom einspeisen. Durch Synchron- und Asynchrongeneratoren hervorgerufene Ströme sind unter realistischen Bedingungen während der ersten beiden Zyklen i.a. nicht in der Lage, vorhandene Sicherungen auszulösen [4.1].

Asynchrongeneratoren liefern bei einem dreiphasigen Kurzschluß nur einen relativ geringen Kurzschlußstrom, da die Felderregung geschwächt wird. Der ungünstigste Fall ist bei zweiphasigem Kurzschluß gegeben [4.2], [4.3].

Windkraftanlagen mit Asynchrongeneratoren, die am Netz motorisch angefahren werden, erfordern aufgrund der großen Hochlaufzeitkonstanten nach Bild 2.4.1 eine Auslegung der elektrischen Anschlüsse entsprechend der hierbei auftretenden Ströme. Für die Sicherungen und Leitungen muß somit fünf- bis siebenfacher Nennstrom zugrunde gelegt werden. Eine Leistungs- und Drehzahlabstufung des Generators derart, daß der Hochlauf der Windkraftanlage mit einer für Schwachwind bei niedrigerer Drehzahl ausgelegten kleinen Maschine bewältigt werden kann, die während der Anlaufphase den Nennstrom des auf Vollast dimensionierten Generators in etwa erreicht, wird vielfach ausgeführt und bietet sehr günstige

Netzanschlußmöglichkeiten. Darüber hinaus werden bei derartigem Hochlauf die Beanspruchungen am Triebstrang erheblich gemindert.

Der Einsatz von **Synchrongeneratoren** macht i.a. Modifikationen in den Wiedereinschaltvorrichtungen erforderlich [4.2], [4.3].

Trennschalter für die Mittelspannungsebene, die dezentrale Generatoren innerhalb zweier Zyklen, d.h. wesentlich schneller als Trennschalter an der Trafostation zu trennen vermögen, wurden bereits entwickelt [4.4].

Die zusätzliche Energielieferung durch Anschluß von Windkraftanlagen erhöht die Kurzschlußleistung in den eingespeisten Netzzweigen, auf die im folgenden kurz eingegangen wird. Durch sie kann die Ausschaltleistung angeschlossener Einrichtungen (Sicherungen, Trenner etc.) überschritten werden. Dadurch können erhebliche Schäden verursacht und die Sicherheit im System beeinträchtigt werden.

4.1.2 Kurzschlußleistung

Kleine Synchron- und Asynchrongeneratoren erhöhen ebenso wie entsprechende Motoren im Betrieb die Kurzschlußleistung des Netzes [4.5]. Derzeit übliche Berechnungen der Kurzschlußleistung entsprechend der Arbeitsunterlage für den EVU-Ingenieur [3.2] lassen nicht ständig mit dem Netz gekoppelte Maschinen außer acht. Dies kann zu Fehleinschätzungen im Hinblick auf die Dimensionierung von Trenneinrichtungen und auf zu erwartende Netzeinwirkungen führen.

Die Kurzschlußleistung im Netz sinkt i.a. von der Transformatorstation ausgehend mit zunehmender Leitungslänge ab. Bei angeschlossenen Energieeinspeisern steigt sie jedoch in Richtung Netzanbindungsstelle wieder an.

Die Impedanz von Generatoren und Transformatoren ist im Vergleich mit der Impedanz der Leitung i.a. sehr groß. Eine Verteilung der Generatoren hat demnach keinen dominierenden Einfluß auf die Kurzschlußleistung entlang der Leitung [4.1]. Für die vereinfachte Bestimmung der Kurzschlußleistung lassen sich somit näherungsweise die Generatoren in einem - für die Berechnung möglichst günstig gewählten - charakteristischen Punkt zusammenfassen.

4.1.3 Isolierter Betrieb und Kurzunterbrechungen

Bei Netztrennungen kann die Arbeitsweise von Schutzeinrichtungen durch den Weiterbetrieb von Windkraftanlagen beeinträchtigt werden und zu unkontrolliertem Inselbetrieb z.B. in getrennten Stichleitungen führen.

Spannungsgeregelte Synchrongeneratoren sind in der Lage, in der Größenordnung ihrer Leistungsfähigkeit Netze zu bilden. Sie können also in begrenztem Rahmen bei Spannungseinbrüchen Netze stützen oder bei Netzunterbrechung die Versorgung aufrecht erhalten. Direkt mit einem Netz gekoppelte Synchronmaschinen kommen bei Windkraftanlagen allerdings kaum zum Einsatz.

Fast ausschließlich eingesetzte Asynchrongeneratoren und an Bedeutung gewinnende Synchronmaschinen mit netzgeführter Umrichterspeisung besitzen diese Fähigkeit nicht. In Verbindung mit der Turbinenregelung können sie jedoch dem Netz gezielt Wirkleistung zuführen und im Bereich des Speisevermögens die Frequenz im Netz stützen. Die Kombination von derartigen Windkraftanlagen insbesondere mit anlagengebundenen und verbraucherspezifischen Kompensationsanlagen hält (ähnlich wie bei Synchrongeneratoreinspeisung) das Netz bei Unterbrechung meist mit Frequenz- und Spannungsabdriftung entsprechend dem Lastzustand aufrecht.

Neben gezielt herbeigeführten Kurzunterbrechungen (sog. KUs) von ca. einer halben Sekunde Dauer ist auch längerzeitig isolierter Betrieb möglich. Dies ist der Fall, wenn Windkraftanlagen vom Netz getrennt werden, ihre Energie aber weiterhin in den fehlerfreien Leitungsteil einspeisen, und falls die momentane Leistung der installierten Windkraftanlagen die Netzlast auf der isolierten Leitung annähernd abdecken kann. Mögliche Gründe sind u.a.

- Öffnen der Leitungen aus Wartungsgründen,
- Beheben eines Fehlers vor Wiedereinschalten der Netzspannung,
- dreiphasige Abschaltung durch einphasigen Kurzschluß im Netz

bei Einspeisung von Windkraftanlagen auf die fehlerfreien Phasen.

In Parkkonfigurationen und bei getrennter Aufstellung können Windkraftanlagen mit unterschiedlicher Ausrüstung kombiniert in abgegrenzte Netzteile einspeisen. Beim **Zusammenwirken** von Turbinen, die **direkt** mit dem Netz **gekoppelte** Asynchrongeneratoren besitzen, mit Anlagen, die über **Umrichter** mit dem Netz verbunden sind, kann eine **Netzunterbrechung** je nach Konzeption der Windkraftanlagenregelung zu unterschiedlichen Gleichgewichtszuständen führen. Falls nicht genügend hohe Lasten im abgetrennten Netzteil vorhanden sind, kann z.B. eine weitere Energieeinspeisung von drehzahlvariabel geführten Turbinen mit Umrichterkopplung zu einem Motorbetrieb der Asynchrongeneratoren führen. An diese gekuppelte Windräder können somit beschleunigt und bis in den aerodynamischen Bremsbetrieb gefahren werden.

Beim **Zusammenwirken** von Windkraftanlagen, die zwar **alle** mit **Asynchrongeneratoren** ausgerüstet sind, aber **unterschiedlich große** Nenn- bzw. Betriebs**schlupfwerte** aufweisen, was z.B. bei Windenergiekonvertern unterschiedlicher Baugröße oder spezieller Generatorauslegung der Fall ist, werden bei **Netzunterbrechung** die Anlagen mit kleinen Schlupfwerten im Motorbetrieb an die Drehfrequenz der Generatoren mit großen Schlupfwerten herangeführt.

Eine **Wiederaufschaltung** an das Netz kann nach isoliertem Betrieb im ungünstigsten Fall in Phasenopposition erfolgen, was dann allerdings zu hohen Einschaltströmen im Netz und Generator sowie zu extremen Belastungen im Triebstrang führt.

Vom Netz getrennte **Asynchrongeneratoren** können i.a. ohne Beschädigungsgefahr wieder zugeschaltet werden, wenn die Spannung unter ein Viertel der Nennspannung im Netz abgefallen ist [4.6].

Bei dreisträngigem Kurzschluß sind in der Nähe der Generatorklemmen nahezu die gleichen Kurzschlußzeitkonstanten zu erwarten, wie an anderen Stellen der Leitung, da die gesamte Impendanz des Fehlers und der Leitung im Vergleich zur Generatorimpendanz meist klein ist. Für Generatoren im 100 kW-Bereich liegen diese Zeitkonstanten im 100 ms-Bereich.

Bei satten Kurzschlüssen haben zusätzlich installierte Kondensatoren zur Blindleistungskompensation und Reaktanzen von Netzfiltern nur geringen Einfluß auf die Zeitkonstanten, so daß die Spannung im abgekoppelten Teilsystem bereits nach einer Kurzunterbrechung weitgehend abgeklungen ist. Asynchrongeneratoren lassen also nach einem Kurzschluß beim Wiedereinschalten keinen Schaden erwarten.

Mit ca. halber Last beaufschlagte Asynchrongeneratoren können jedoch in Verbindung mit Kompensationseinrichtungen während einer Kurzunterbrechung ihre Spannung über 25 % der Nennspannung halten [4.1] und somit beim Wiedereinschalten hohe Ströme und Drehmomente verursachen, was möglicherweise zu Schäden in Schaltvorrichtungen und Antrieben führen kann.

Windkraftanlagen mit **Synchrongeneratoren** und direkter Netzkopplung, die bisher nur in wenigen Fällen zum Einsatz kamen, haben meist eine elastisch verwindbare Welle. Turbinen im MW-Bereich können bei Nennleistung durchaus Verdrehungen der Welle von wenigen Grad erreichen. Bei Lastabwurf (z.B. durch KU) entspannt sich die Welle. Der Generatorläufer beschleunigt sich somit entsprechend seinem Schwungmomentenanteil (k_T) an der Rotorzeitkonstanten T_R (s. Abschnitt 2.3) und der Getriebeübersetzung (z.B. von 1 : 50 bis 100 bei Anlagen im MW-Bereich). Dies führt generatorseitig zu einer Vordrehung, die mechanisch eine volle Umdrehung der Generatorwelle und bei vierpoligen Maschinen elektrisch sogar zwei Umdrehungen erreichen kann. Ein Überschwingen führt nahezu auf doppelt so hohe Werte [4.7]. Infolge des großen Anteils an der Rotorzeitkonstanten von $(1 - k_T)\, T_R$, der vom Windrad herrührt (s. Abschnitt 2.3 bzw. 2.4), ändert sich die Turbinengeschwindigkeit nur wenig. Die Variation der Läufergeschwindigkeit des Generators ist dagegen groß. Sie führt zu Schwingungen um die synchrone Drehzahl.

Um ungünstige Schaltzustände (z.B. in Phasenopposition) nach Lastabwurf und Kurzschluß zu vermeiden, sollte für Windkraftanlagen mit Synchrongenerator ein Wiederanfahren mit Netzaufschalten erst nach erfolgter Synchronisation vorgesehen werden.

4.1.4 Überspannungen bei Netzfehlern

In dreiadrigen Leitungen mit dezentral einspeisenden Generatoren können bei einphasigen Kurzschlüssen Resonanzerscheinungen auftreten. Durch das Zusammenwirken von kapazitiven Kompensationseinrichtungen mit den Induktivitäten von gekoppelten Generatoren sowie in Verbindung mit Verbraucher- und Netzfilterreaktanzen können auf den fehlerfreien Phasen Spannungsüberhöhungen entstehen.

Berechnungen und Messungen [4.2], auf die hier nicht näher eingegangen werden soll, für einen derartigen Netzfehler im Mittelspannungsbereich, bei dem die Kapazität des Nullsystems mit den Induktivitäten des Mit- und Gegensystems in Reihe geschaltet ist, ergaben Überspannungen, die bei geringer Last ca. 20-fache Nennspannung erreichten; bei Experimenten wurden ca. 10-fache Werte festgestellt.

Im Leerlauf oder bei niedriger Last reicht somit der einphasige Kurzschlußstrom aus, um den Lichtbogen eines Fehlers zu verlängern und einen kurzzeitigen Fehler in einen dauerhaften zu überführen, falls der Generator vor seinem Wiedereinschalten nach einer KU nicht vom Netz getrennt wird.

Überspannungsableiter können derartige Überspannungen begrenzen und müssen in der Lage sein, die anfallende Energie, die im Resonanzfall erheblich über den im Normalbetrieb zu erwartenden Werten liegen kann, aufzunehmen.

4.2 Netzeinwirkungen

Die Einbindung von Windkraftanlagen in elektrische Versorgungsnetze bringt Rückwirkungen auf diese mit sich. Wegen der allgemeinen Verträglichkeit der Anlagen gehören dazu [3.2]

- Veränderungen der Kurzschlußleistung,
- Leistungsvariationen und daraus resultierende
- Spannungsschwankungen mit eventueller Flickerwirkung,
- Spannungsunsymmetrien,
- Oberschwingungen,
- Zwischenharmonische und
- Störaussendungen.

Hier aufgeführte Untersuchungen beschränken sich weitgehend auf die Leistungsvariationen und Oberschwingungen. Die anderen Teilbereiche werden nur kurz umrissen.

4.2.1 Allgemeine Verträglichkeit und Störungen

Öffentliche Netze sind grundsätzlich vor störenden Einwirkungen aus Windkraftanlagen zu schützen. Dazu dienen Überspannungs-, Kurzschluß- und Generatorschutz. Bei Spannungs- und Frequenzabweichungen vom Normalbetrieb ist schnelle Netztrennung zu gewährleisten. Motorischer Betrieb sollte nur kurzzeitig zugelassen werden. Der Blindleistungsbedarf von Windkraftanlagen ist in netzspezifischen Leistungsfaktorgrenzen zu halten.

Bei Generatorzuschaltungen im Turbinenstillstand bzw. bei Betriebsdrehzahl (s. Abschnitt 3.4.2.1 und 4.1.1) sollen die Einschaltströme möglichst niedrig bleiben, um einerseits die Komponenten der Windkraftanlage von den elektrischen Schalteinrichtungen über den mechanischen Triebstrang, das Generator- und Getriebefundament bis zum Windrad vor hohen Stoßbelastungen zu schützen und andererseits Störaussendungen und Netzeinbrüche zu vermeiden.

4.2.2 Leistungsvariationen

Von Einschaltvorgängen, Notabschaltungen u.ä. Zustandsänderungen abgesehen, ist bei Windkraftanlagen im Normalbetrieb bei Teil- oder Vollast mit elektrischen Ausgangsleistungsvariationen je nach Anlagenkonzeption im 10-Hz bis 1-Hz-

Bereich und mit längerfristigen Fluktuationen zu rechnen. Leistungsschwankungen werden durch ihre

- Amplituden und
- Veränderungsgeschwindigkeiten

bestimmt und hauptsächlich durch periodische und nichtperiodische

- Windgeschwindigkeitsgradienten

hervorgerufen. Diese werden beeinflußt durch die

- Ausbreitung der Luftströmung über der gesamten Turbinen-Fläche

sowie durch das

- Übergangsverhalten des Triebstranges und des Generators, bei Systemen mit
  · Synchronmaschinen durch Polradwinkeländerungen bzw.
  · Asynchronmaschinen durch Schlupfvariationen.

Um das Leistungsverhalten von Windkraftanlagen bei ihrem Zusammenschluß quantifizieren zu können, wurden am Windpark Westküste Untersuchungen im Kurzzeitbereich mit einer Minute Meßdauer und 5 Hz Abtastfrequenz durchgeführt. Dabei hat sich gezeigt, daß im Normalbetrieb z.B. bei mittleren Windgeschwindigkeiten von ca. 12 m/s Schwankungen zwischen ca. 10 und 15 m/s bei nahezu gleichbleibender Windrichtung (s. Bild 4.2.1.a, b) auftreten. Im 50 kW-Bereich (30 bzw. 55 kW) sind für weitgehend drehzahlstarr über Asynchrongeneratoren mit dem Netz gekoppelte Anlagen nur unwesentlich größere

- Leistungsfluktuationen und
- Leistungsgradienten

als bei drehzahlvariabel geführten Einheiten mit Synchronmaschine, Gleich- und Wechselrichter zu erwarten (vergl. Bild 4.2.1 c und d). Bei drehzahlvariablen Anlagen können durch regelungstechnische Maßnahmen prinzipiell günstigere Werte erreicht werden.

Bei größeren Windenergiekonvertern - insbesondere im MW-Bereich - ist mit gravierenderen Unterschieden zu rechnen. Ein kleinerer Schlupfbereich bei größeren Asynchronmaschinen und somit starrer werdende Netzkopplung läßt höhere Leistungsschwankungen erwarten. Größere Rotorzeitkonstanten und hieraus resul-

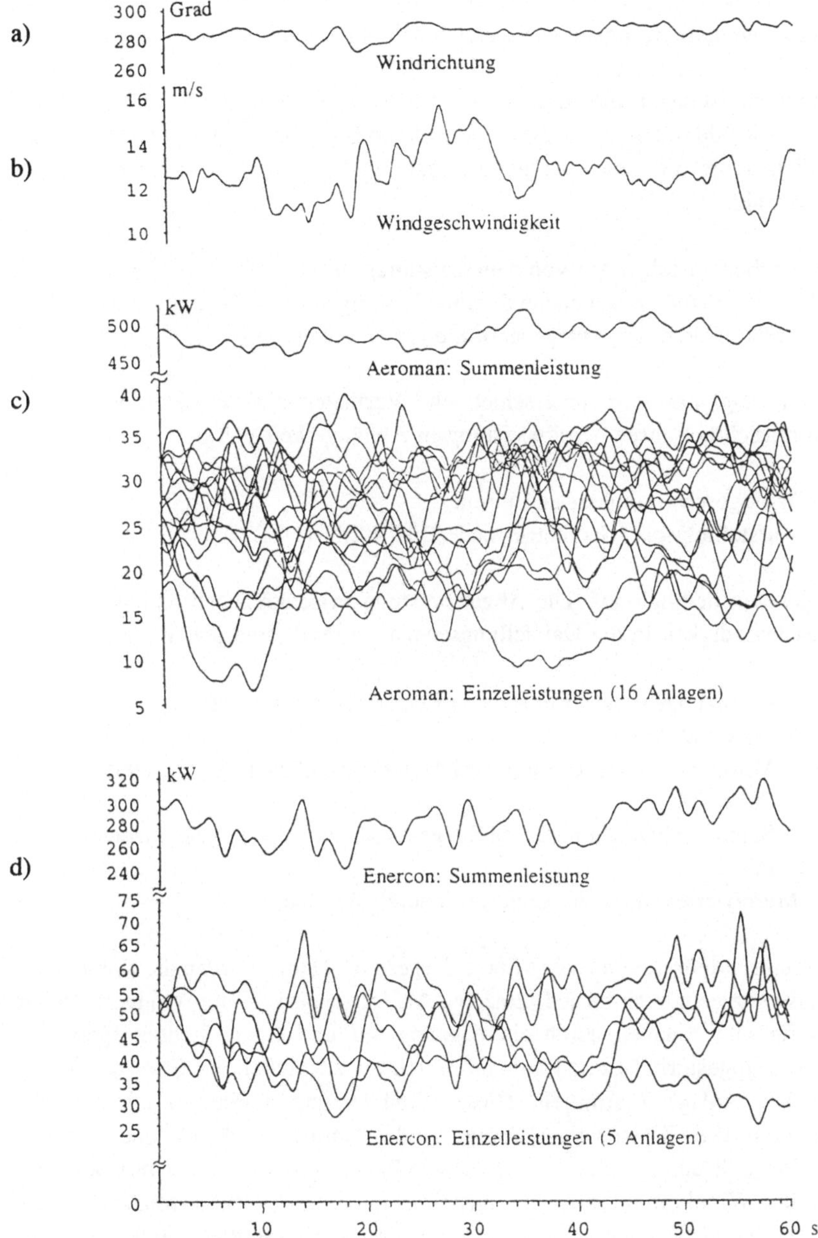

Bild 4.2.1: Windrichtung (a) und Windgeschwindigkeit (b) sowie Einzel- und Summenleistung von drehzahlstarr (c) bzw. drehzahlvariabel gekoppelten Windkraftanlagen (d) am Windpark Westküste

tierend besser werdende Glättungseffekte bringen demgegenüber bei drehzahlvariablen Systemen stärkere Leistungsvergleichmäßigungen mit sich.

Die Summenleistungen aller drehzahlstarr bzw. aller drehzahlvariabel geführten Anlagen nach Bild 4.2.1.c), d), die am jeweiligen Einspeisetrafo gemessen wurden, verdeutlichen die Vergleichmäßigungseffekte und deren Abhängigkeit von der Anlagenanzahl.

Es sollen daher im folgenden von dem Leistungsverhalten der Einzelanlagen nach Bild 4.2.2 ausgehend verschiedene Summenleistungen in Bild 4.2.3 und Bild 4.2.4 auch in Abhängigkeit der Anlagenanordnung betrachtet werden.

Bild 4.2.2 zeigt das stark unterschiedliche Verhalten der einzelnen Windkraftanlagen hinsichtlich ihrer Abgabeleistung in Abhängigkeit von der

- Windgeschwindigkeit und ihrem
- Aufstellungsort (Geometrie siehe Bild 4.2.3 u. 4.2.4)

global gesehen deutlich auf. Die Abgabeleistung in senkrechte Richtung und die Windgeschwindigkeit in die Darstellungsebene weisend, sind jeweils in ihrer

- Schwankungsbreite in Form von Rechteckscheiben mit
  - Maximal- und
  - Minimalwert als Gesamtbereich der Seitenlänge der Quaderscheiben, ihrer
  - Standardabweichung durch die gepunkteten Gebiete gekennzeichnet und mit ihren
- Mittelwerten als dicke Linie im inneren Bereich

während einer Meßzeit von einer Minute dargestellt. Dabei wurden die elektrischen Leistungswerte zeitgleich für jede einzelne Anlage gemessen; die Windverhältnisse wurden für alle Anlagen durch ein Anemometer und einen Richtungsgeber im weitgehend ungestörten Luftströmungsbereich an der äußersten Ecke des Windparks neben Anlage 7 ermittelt. Diese Windmessung wurde für alle Anlagen verwendet, in drei Klassen mit "wenig Wind", "mittlerem Wind" und "starkem Wind" eingeteilt und auf eine Nenngeschwindigkeit von $v_N = 11,9$ m/s bezogen, bei der die Windkraftanlagen ihre Nennleistung von 30 kW erreichen. Durch Projektion der Größen der einzelnen Scheiben auf die seitliche und die untere Bezugsebene lassen sich die Werte für die einzelnen Anlagen entnehmen. Im Bereich mit "wenig Wind" ergibt sich für die erste Anlage z.B. eine Leistungsschwankung von 0,02 bis 0,38 P_N (P_N =30kW). In analoger Weise lassen sich die Standardabweichung und die Mittelwerte bestimmen.

Die Betrachtung der dargestellten Windbereiche zeigt, daß große Leistungsschwankungen insbesondere

- wenig unterhalb des Nennbetriebes vorwiegend in
- hinteren Anlagenreihen (ersichtlich aus der Anlagennummer)

anzutreffen sind. Im unteren Teillast- und im Nennlastbereich bei Betrieb über Nennwindgeschwindigkeiten treten hingegen nur kleine Leistungsvariationen auf.

Die Vergleichmäßigung der Leistung hängt demnach sehr stark von der Aufstellungsgeometrie und den damit verbundenen örtlichen Windverhältnissen ab. Die Windparkgeometrie ist in Bild 4.2.3 und 4.2.4 mit der vorherrschenden Windrichtung am unteren Bildrand wiedergegeben. Um Unterschiede aufzuzeigen, werden für drehzahlstarr mit dem Netz gekoppelte Windkraftanlagen die Vergleichmäßigungseffekte zeilen- (s. Bild 4.2.3) bzw. reihenweise (s. Bild 4.2.4) vergleichend dargestellt. Hierzu wurden die zeitgleich gemessenen Einzelleistungen entsprechend den aufgezeigten Additionsschemata in Bild 4.2.3 rechentechnisch in die schrittweisen Summenleistungen zusammengefaßt. Dabei wird die jeweilige Summenleistung in Schwankungsbreite, Standardabweichung und Mittelwert dargestellt. Z.B. im unteren Windgeschwindigkeitsbereich, bei dem nur 8 Anlagen in Betrieb waren, wird von der 1. Anlage ausgehend für die 1. und 14. Anlage, die 1., 14. und 2. Anlage etc. bis zur 1., 14., 2., 9., 10., 12., 7. und 20. Anlage die Leistungssumme wiedergegeben. Nur die schwarz gekennzeichneten Anlagen waren während der Messung in Betrieb. In analoger Weise ergeben sich die Werte in Bild 4.2.4. Die Abhängigkeit der Leistungsveränderungen von der Windgeschwindigkeit bzw. deren Schwankungsbreite wird hierbei besonders deutlich.

Ein Vergleich der Bilder 4.2.3 und 4.2.4 zeigt durch die verringerte Schwankungsbreite stark ausgeprägte Vergleichmäßigungseffekte der Abgabeleistung vor allem in hohen Windgeschwindigkeitsbereichen, d.h. beim Betrieb in der Nähe der Nennleistung. Weiterhin ergibt sich, daß bei reihenweise aufsummierter Leistung in der Schwankungsbreite und Standardabweichung die Reihensprünge wiederzufinden sind. Bei zeilenweiser Addition verschwinden derartige Übergänge. Wie bereits Bild 4.2.1 zeigt, ergeben sich aus den Leistungen der Einzelanlagen jedoch die Summenleistungen ins eingespeiste Netz mit weit geringerer Schwankungsbreite. Die Schwankungsbreite der Einzelanlage wird nach Bild 4.2.2 von der Anlagenposition im Windpark beeinflußt. Beide Additionsweisen lassen erkennen, daß sich durch die Zusammenschaltung von etwa sechs Anlagen nahezu der Endwert der Schwankungsbreite von ca. $\pm$ 6% des Mittelwertes erreichen läßt.

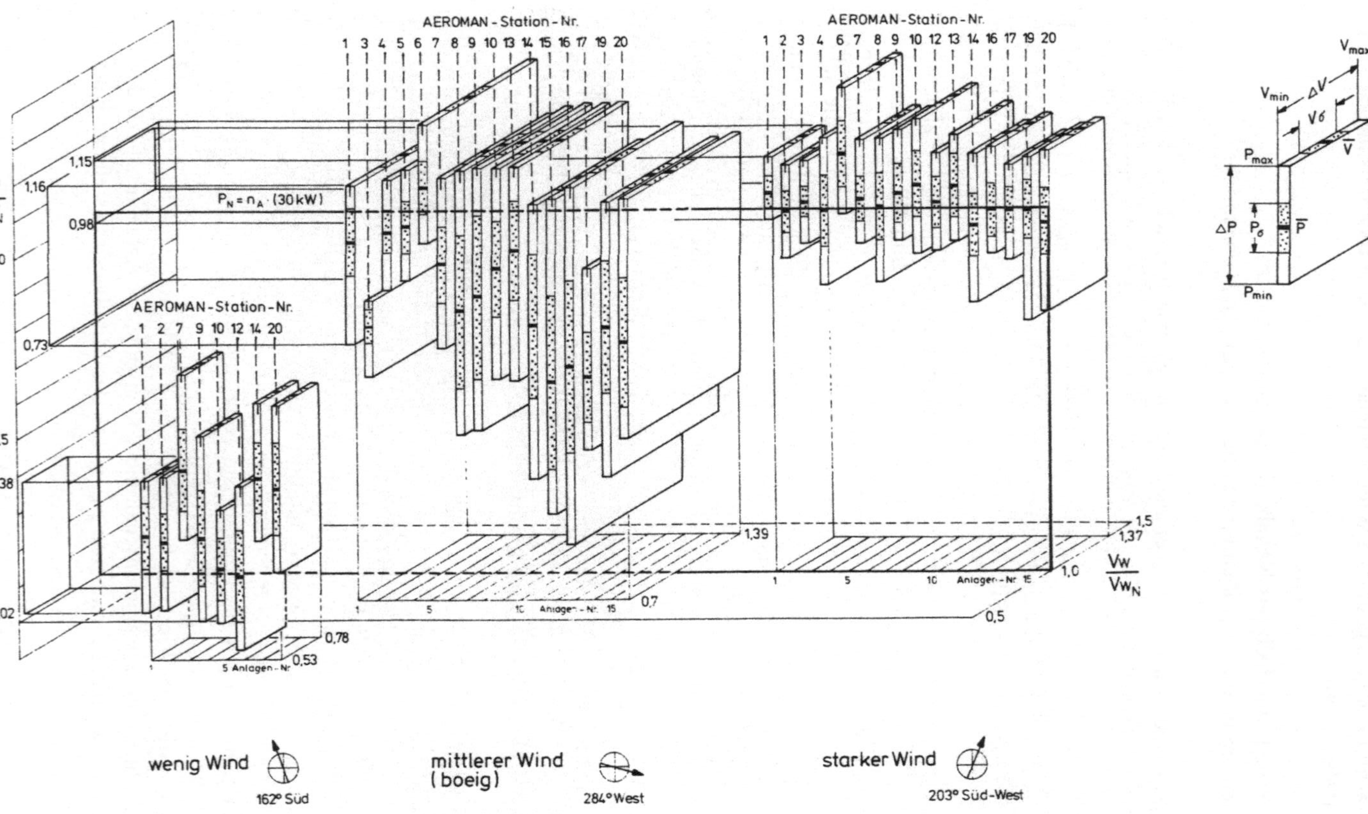

Bild 4.2.2: Leistungsschwankungen mit Maximal- (P_{max}), Minimalwert (P_{min}), Standardabweichung (P_σ) und Mittelwert (P) der einzelnen Aeroman-Windenergieanlagen am Windpark Westküste bei verschiedenen Windgeschwindigkeitsbereichen (Aufstellungsgeometrie s. Bild 4.2.3)

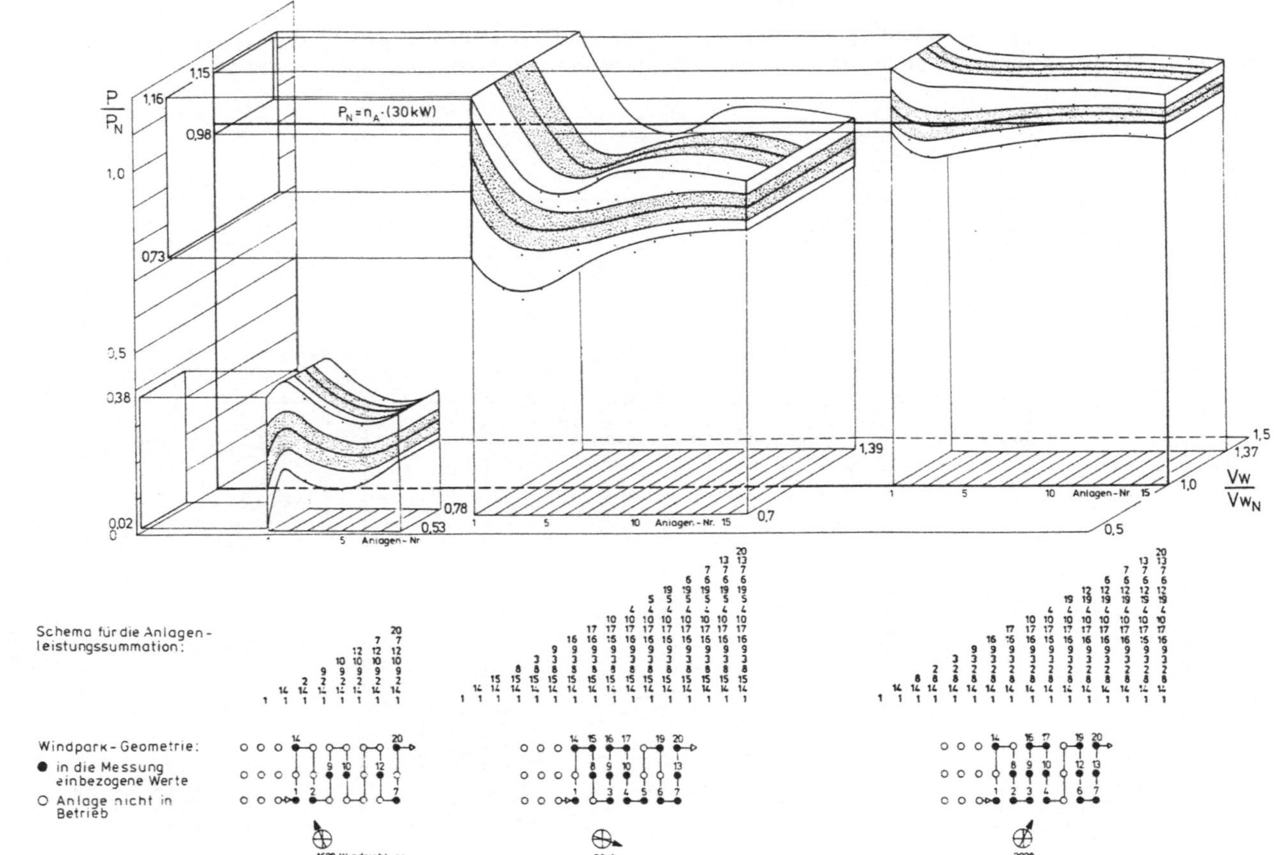

Bild 4.2.3: Leistungsvergleichmäßigung mit Maximal-, Minimalwert, Standardabweichung und Mittelwert in verschiedenen Windgeschwindigkeitsbereichen bei zeilenweise aufsummierter Leistung am Windpark Westküste

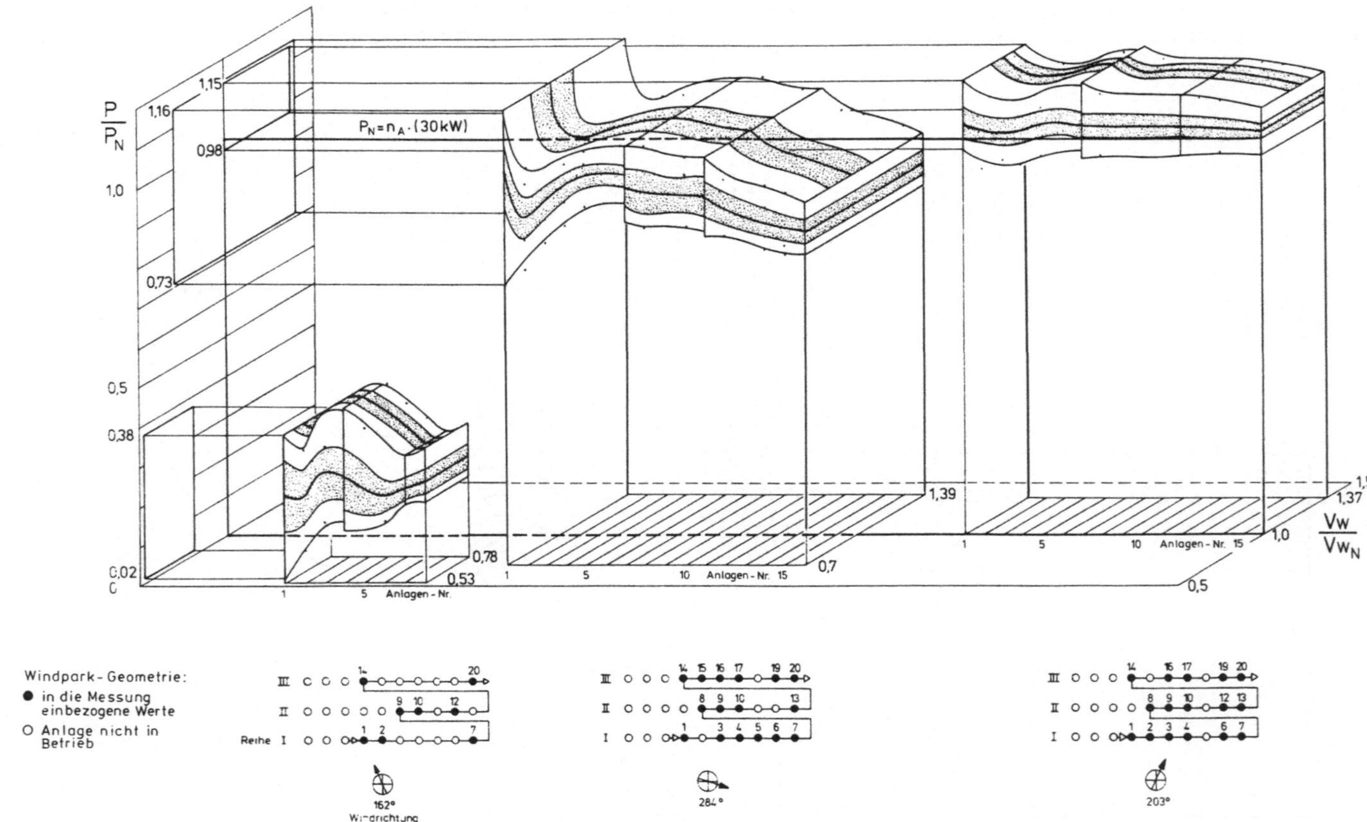

Bild 4.2.4: Leistungsvergleichmäßigung mit Maximal-, Minimalwert, Standardabweichung und Mittelwert in verschiedenen Windgeschwindigkeitsbereichen bei reihenweise aufsummierter Leistung am Windpark Westküste

Aufgrund der räumlichen Versetzung der Einzelanlagen trifft die Luftströmung mit einer zeitlichen Verschiebung auf die jeweilige Turbine. Dadurch ergeben sich bei den höchsten Fluktuationen der Einzelanlagen, die im Bereich kleiner und mittlerer Windgeschwindigkeiten auftreten, die größten Ausgleichseffekte.

Die aufgezeigten Betrachtungen haben aufgrund der hier gegebenen Windgeschwindigkeitsverhältnisse und -schwankungen ihre Gültigkeit im Bereich von Kurzzeituntersuchungen. Dabei ist die Aufstellungsgeometrie und die Zeit des Durchlaufs eines Windereignisses zu berücksichtigen, wie hier z.B. bei ca. 600 m Windparktiefe und 10 m/s Windgeschwindigkeit ergibt sich in etwa ein 60 s Beobachtungszeitraum. Eine Übertragung der Ergebnisse auf größere Flächen und entsprechend längere Zeiträume erscheint möglich, bedarf aber noch weiterführender Untersuchungen. Diese lassen sich z.B. im Rahmen des Wissenschaftlichen Meß- und Evaluierungsprogrammes 250 MW-Wind auf den gesamten norddeutschen Raum ausdehnen. Damit können entsprechend der gegebenen bzw. untersuchten Anlagenkonfiguration in Verbindung mit Windvorhersagen langfristig gute Prognosen in bezug auf die Leistungserwartungen aus der Windenergie erwartet werden. Falls erforderlich, lassen sich dann notwendige Maßnahmen bei anderen elektrischen Versorgungssystemen ergreifen.

4.2.3 Spannungsunsymmetrien und Spannungsschwankungen

In netzbetriebenen Windkraftanlagen werden ausschließlich Drehstromgeneratoren mit symmetrischer Wicklung eingesetzt. Bei intakten Maschinen können somit im Normalbetrieb unsymmetrische Einwirkungen auf das Netz durch die Einspeisung vernachlässigt werden.

Unsymmetrische Lasten im Netz können jedoch die Leitungen und Transformatoren sowie auch Synchron- und Asynchrongeneratoren in ihrem Betrieb beeinträchtigen. Durch Unsymmetrie werden Ströme im Gegensystem verursacht. Diese rufen entgegen dem Erregerfeld ein mit doppelter Geschwindigkeit umlaufendes Feld hervor. Dadurch entstehen insbesondere im Läufer zusätzliche Verluste, die den Belastungsgrad der Maschine herabsetzen. Standortspezifische Unsymmetrien lassen sich, falls sie bekannt sind, bei der Dimensionierung des Generators berücksichtigen.

Falls große Anteile der Netzlast aus Windkraftanlagen eingespeist werden, können im Normalbetrieb durch Windgeschwindigkeitsänderungen hervorgerufene Leistungsvariationen zu Spannungsschwankungen führen. Diese werden im wesentlichen durch den Zeitverlauf der Einspeisescheinleistung, deren Verhältnis zur Kurzschlußleistung des Netzes und durch den zugehörigen Phasenwinkel bestimmt. Oberschwingungsleistungen können dabei i.a. vernachlässigt werden. Spannungsänderungen können in besonderen Situationen entstehen, z.B. durch Last- oder Generatoraufschaltung bzw. bei deren Abwurf.

Der Alleinbetrieb von kleinen Windkraftanlagen an Inselnetzen mit geringer Leistung sowie die Anbindung von großen Turbinen an leistungsschwachen Stellen im Verbundnetz können bei starken Leistungsschwankungen zu Spannungsveränderungen führen. Diese sind insbesondere bei drehzahlstarr mit dem Netz gekoppelten Generatorsystemen zu erwarten.

Bei drehzahlflexibler Kopplung zwischen Windrad und dem Netz kann dagegen durch kurzfristiges Zwischenspeichern von Energie in den rotierenden Massen des Rotorsystems (s. Abschnitt 2.3) eine erhebliche Glättung der Ausgangsleistung erreicht werden.

Windturbinen weisen nach Abschnitt 2.4 mit zunehmender Baugröße bzw. Nennleistung höher werdende Rotorzeitkonstanten auf. Große Windkraftanlagen können daher durch drehzahlvariablen Betrieb wesentlich bessere Leistungsvergleichmäßigungen insbesondere im Kurzzeitbereich (Hz-Bereich) erzielen als kleine Einheiten. Der Ausgleichsgrad wird darüber hinaus auch vom Stellbereich der Drehzahl in der

Art mitbestimmt, daß eine große Drehzahlvariationsbreite ausgangsseitige Leistungsschwankungen besser unterdrückt.

Kleinere und mittelgroße Windkraftanlagen können i.a. nur in einem größeren Verbund merklich auf das Netz einwirken. Der Zusammenschluß vieler Einheiten, die einzeln große Leistungsschwankungen aufweisen können, bringt jedoch mit zunehmender Turbinenanzahl eine bessere Vergleichmäßigung der Summenleistung mit sich (s. Abschnitt 4.2.2). Im Normalbetrieb sind somit keine störenden Spannungsschwankungen zu erwarten.

Der Alleinbetrieb von großen Windkraftanlagen mit starken Leistungsschwankungen kann an schwachen Netzen zu Spannungsveränderungen führen. Große Einheiten sollten daher möglichst geringe Leistungsfluktuationen aufweisen. Diese können aufgrund der großen Rotorzeitkonstanten entsprechend der hohen Schwungmassen durch drehzahlvariable Turbinen- und Generatorsysteme erreicht werden.

Ähnliche Netzeinwirkungen sind auch bei kleinen Windkraftanlagen zu erwarten, wenn diese in sehr leistungsschwache Inselnetze einspeisen. Mit großen Anlagen vergleichbare Ausgleichseffekte lassen sich bei kleinen Einheiten infolge der niedrigen Rotorzeitkonstanten durch Vergrößerung des Drehzahlstellbereiches erzielen.

In allen Konfigurationen lassen sich somit durch entsprechende Anlagenauslegung und durch regelungstechnische Eingriffe störende Spannungschwankungen vermeiden.

Drehzahlvariationen bei Windkraftanlagen können bei frequenzstarrer Kopplung durch

  - Veränderung der Getriebeübersetzung

oder bei fest vorgegebener Übertragung durch

  - Anpassung der Generatorfrequenz

mit Hilfe von leistungselektronischen Umrichtersystemen erfolgen. Dabei ist allerdings die Netzverträglichkeit dieser Komponenten hinsichtlich ihrer Oberschwingungen und Zwischenharmonischen, auf die im folgenden kurz eingegangen werden soll, von besonderer Bedeutung.

4.2.4 Oberschwingungen und Zwischenharmonische

Ein sinnvoller Beitrag zur elektrischen Energieversorgung kann aus der Windenergie kommen, wenn hohe Leistungserträge in den nutzbaren Landflächen erzielt werden können. Vorhandene oder neu zu schaffende Netzanschlüsse müssen möglichst kostengünstig genutzt werden. Durch den Zusammenschluß mehrerer oder sehr vieler Windkraftanlagen in Form von Windparks kann dies erreicht werden. Bei der sich hierbei ergebenden Leistungskonzentration muß allerdings die Verträglichkeit der einspeisenden Anlagen mit dem Netz gewährleistet sein, da seine Aufnahmefähigkeit begrenzt ist. Je nach Ausführung der Systeme und Aufbau der Komponenten zeigen sich hier deutliche Unterschiede.

Im folgenden sollen daher tendenzielle Zusammenhänge und zu erwartende Probleme beim Anschluß verschiedener Konfigurationen betrachtet werden. Aus dem Zusammenwirken der Einheiten ergeben sich

- ausgleichende oder abschwächende Effekte bzw.
- verstärkende Einflüsse auf die

  · Oberschwingungen und
  · Zwischenharmonischen

im Netz, denen besondere Bedeutung beigemessen werden muß. Eine grundlegende Behandlung der Schaltung und Auslegung von Stromrichtern, Generatoren etc. in bezug auf zu erwartende Netzeinwirkungen soll hier nicht erfolgen. Im Vordergrund steht die Umsetzung praktischer Erkenntnisse.

An Windturbinen mit **Asynchrongeneratoren** und **direkter Netzkopplung** wurden Oberschwingungen bis über 2000 Hz gemessen und ihr Amplitudenspektrum bis zur vierzigsten Oberschwingung [3.2] logarithmisch dargestellt. Dabei hat sich ergeben, daß eine größere Anzahl von Anlagen i.a. geringere Amplituden von Oberschwingungen und Zwischenharmonischen - insbesondere niedriger Ordnung - mit sich bringt (vergleiche Bild 4.2.5 a,b).

Diese Erscheinung ist auf eine Erhöhung der Aufnahmefähigkeit des Netzes durch Vergrößerung der

- Kurzschluß- und
- Kompensationsleistung

mit zunehmender Anzahl von Anlagen zurückzuführen. Teilweise Erhöhungen von einzelnen Harmonischen (hier der Elften) lassen sich jedoch, falls dies erforderlich

sein sollte, durch gezielte Auslegung des magnetischen Kreises und der Wicklung
auf angestrebte Werte reduzieren.

a)
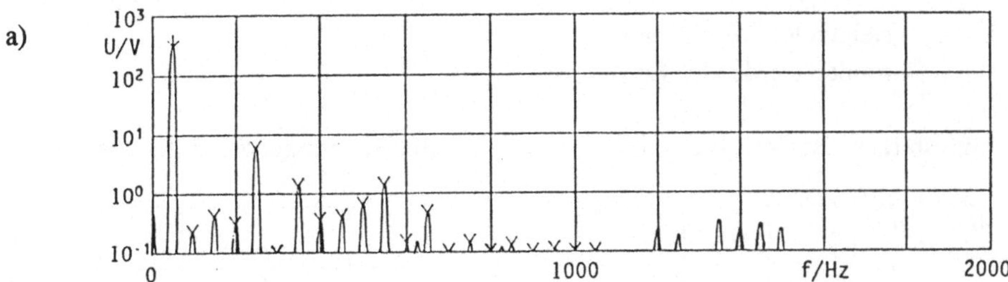

b)
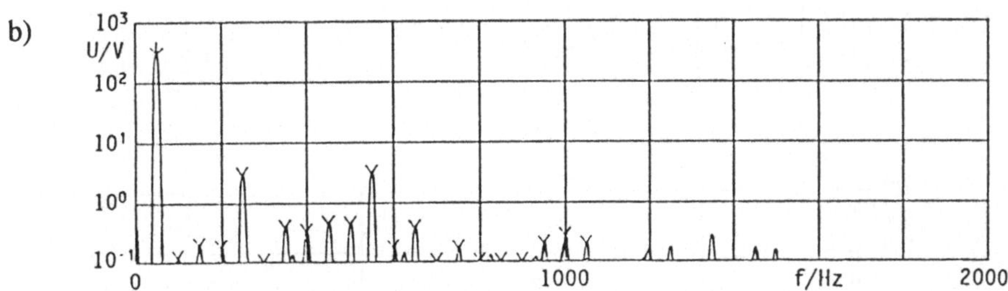

Bild 4.2.5: Spannungsspektren von Windturbinen mit Asynchrongeneratoren und
direkter Netzkopplung (Aeroman 12,5/30kW)
a) im Einzelbetrieb (1 Anlage)
b) im Verbundbetrieb (18 Anlagen)

Im Gegensatz dazu weisen **über Stromrichter mit dem Netz gekoppelte Anlagen**
i.a. ein anderes Verhalten hinsichtlich der Oberschwingungseinflüsse auf. Bei
größerer Anzahl von Konvertern und somit höheren Leistungsanteilen der Netzein-
speisung werden nach Bild 4.2.6 die Amplituden der Oberschwingungen im
gesamten Frequenzspektrum größer.

Somit läßt sich feststellen, daß Windkraftanlagen, die ihre Energie aus Asynchrongeneratoren direkt in das Netz speisen, bei

- zunehmender Anzahl und
- entsprechend größerer Leistung

eine Reduzierung der Oberschwingungsanteile bewirken.

128

Dagegen ist bei Anlagen, die mit drehzahlvariablen Generatoren und Stromrichtern
ausgestattet sind, mit

- steigender Anzahl und
- größer werdender Leistung

eine stärkere Beeinflussung des Netzes durch Oberschwingungen zu beobachten.

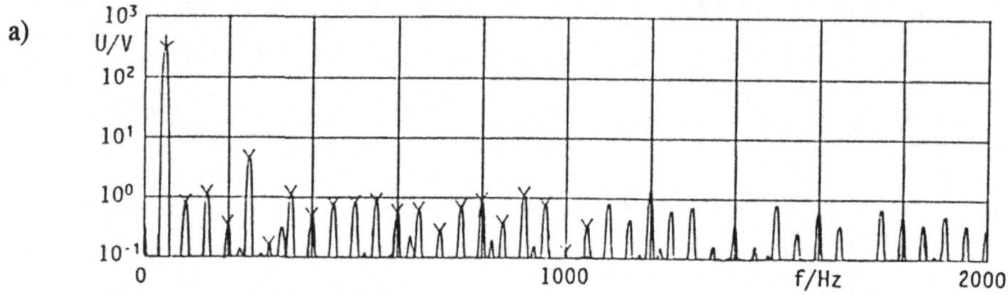

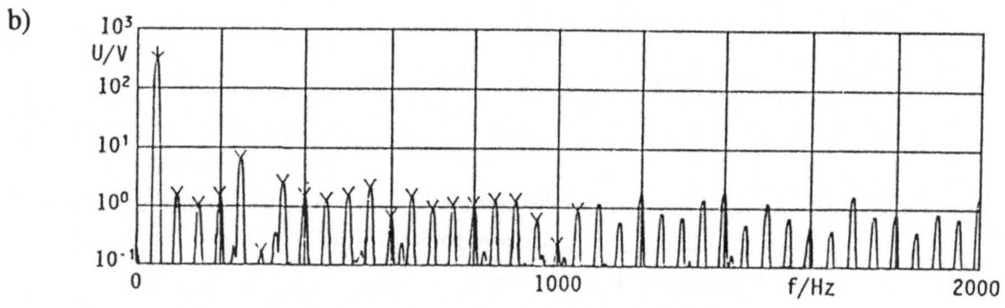

Bild 4.2.6: Spannungsspektren von Windturbinen mit drehzahlvariablen Generatoren und Netzkopplung über Stromrichter (Enercon 15/55kW)
a) im Einzelbetrieb (eine Anlage)
b) im Verbundbetrieb (fünf Anlagen)

Die gegensätzlichen Verhaltensweisen der unterschiedlichen Kopplungsarten lassen,
wie die folgenden Ausführungen zeigen, bei ihrer Zusammenschaltung abschwächende Erscheinungen im Hinblick auf Netzeinwirkungen durch Oberschwingungen
erwarten.

Durch die Kombination von Windkraftanlagensystemen, die

   · drehzahlvariable Synchrongeneratoren und
   · Stromrichterkopplung zum Netz besitzen,

mit solchen, die

   · drehzahlstarre Asynchrongeneratoren und
   · direkte Netzanbindung aufweisen,

zeigt sich nach den Meßergebnissen in Bild 4.2.7, daß durch den

   · Zusammenschluß der Konfigurationen eine deutliche
   · Reduzierung der harmonischen und zwischenharmonischen Amplituden

erreicht und somit eine

   · Verbesserung im Spannungsverhalten (vergl. Bild 4.2.8a, b)

erzielt werden kann. Bei näherem Hinsehen sind in Bild 4.2.8b z.B. kleinere Kommutierungsauswirkungen zu erkennen. Damit lassen sich also die Netzeinwirkungen wesentlich verringern.

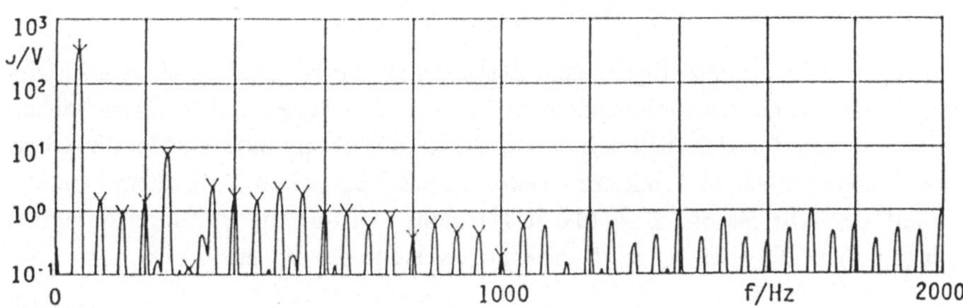

Bild 4.2.7: Spannungsspektrum eines Verbundbetriebes von Windkraftanlagen mit unterschiedlicher Netzanbindung (neun stromrichtergekoppelte Synchrongeneratoren und zwei direkt mit dem Netz verbundene Asynchrongeneratoren)

130

a)
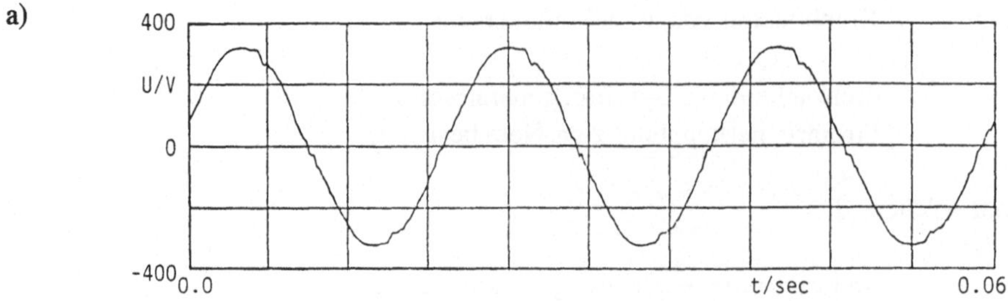

b)
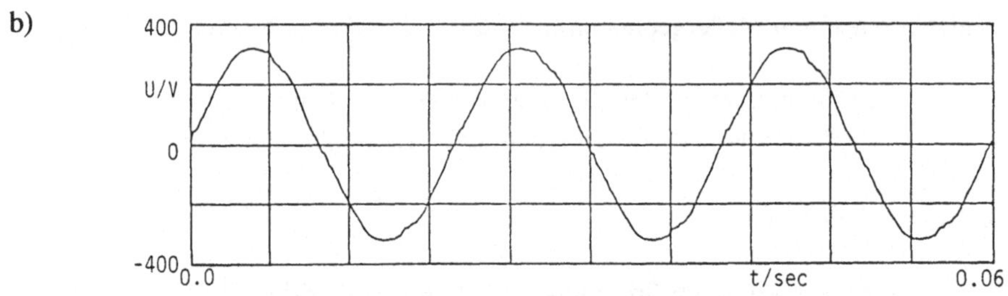

Bild 4.2.8:   Verlauf der Netzspannung in Phase L_1 bei Einspeisung von
a) fünf stromrichtergekoppelten Anlagen (Enercon 15/55kW)
b) neun stromrichtergekoppelten Anlagen (fünf Enercon 15/55kW,
vier elektrOmat 20/25kW) im Verbund mit zwei direkt an das Netz
gekoppelten Asynchrongeneratoranlagen (Adler 25/165kW)

Anhand von stichprobenartig erfaßten Zuständen bei verschiedenen Windgeschwin-
digkeitswerten und Schwankungen zu entsprechenden Zeiten und Netzgegebenhei-
ten lassen sich für den Klirrfaktor als die charakterisierende Größe für Oberschwingungen folgende Tendenzen nach Bild 4.2.9 darstellen. Allgemein kann der
Verlauf des Klirrfaktors k_{THD} (Total Harmonic Distortion) im Bereich kleiner
Anlagenzahlen bis etwa $n_A = 20$ näherungsweise in der Form

$$k_{THD} = k_{THD0} + k_{THD1} \ln(1 + k_{THD2}\, n_A) \tag{4.2.1}$$

angegeben werden. Dabei stellt k_{THD0} den Ausgangswert als Achsenabschnitt dar,
der wesentlich von der Netzkurzschlußleistung und dem Netzzustand abhängig ist.
Typische Werte sind

$$k_{THD0} = 1{,}5 \quad \text{bis} \quad 3\% \quad .$$

Die Steigung wird durch k_{TDH1} wiedergegeben. Sie nimmt bei Windkraftanlagen mit
Stromrichtereinspeisung meist positive Werte z.B.

$$k_{THD1} = 0,85$$

und bei direkt mit dem Netz gekoppelten Generatoren i.a. negative Werte z.B.

$$k_{THD1} = -0,55$$

an. Der Faktor k_{THD2} beeinflußt die Streckung der Näherungsfunktion (4.2.1) bei Werten

$$k_{THD2} = 0,2 \quad bis \quad 0,4 \quad .$$

a)

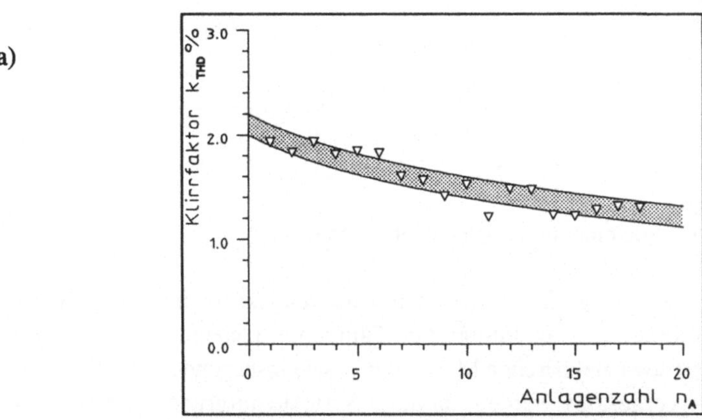

b)

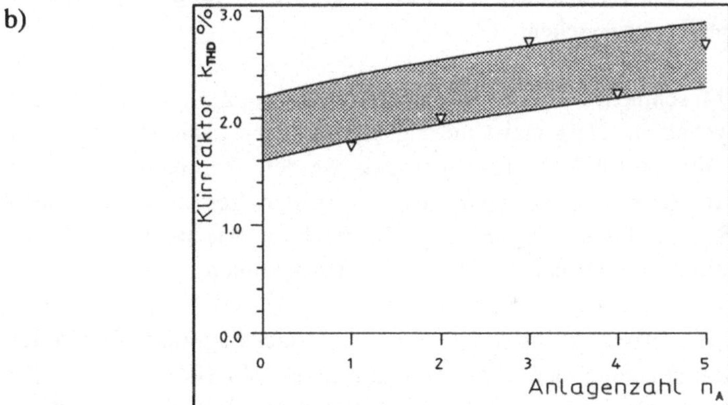

Bild 4.2.9: Klirrfaktor k_{THD} in Abhängigkeit von der Windkraftanlagenanzahl n_A bei
    a) direkt netzgekoppelten Asynchrongeneratoren
    b) über Gleichrichter, Gleichstromzwischenkreis und Wechselrichter
       am Netz arbeitenden Synchrongeneratoren

4.3 Resonanzerscheinungen im Netzsystem bei Normalbetrieb

Wird das Netz vom Anschlußpunkt einer oder mehrerer Windkraftanlagen aus betrachtet, so ist für das Verhalten bei Einspeisung die Gesamtimpedanz der Konfiguration maßgebend, die sich anhand der gegebenen Kombination von ohmschen Widerständen, Induktivitäten und Kapazitäten im Einspeise-, Verteiler- und Verbrauchersystem ermitteln läßt. Entsprechend der Anzahl dieser Einzelelemente, ihrer Anbindung und der Größe ihrer Impedanzen ergeben sich Eigenresonanzwerte im betrachteten Netzteil, die bei Anregung Strom- oder Spannungsüberhöhungen

$$I_v \;=\; \frac{U_v}{Z_v} \quad \text{bei} \quad Z_v \to 0 \tag{4.3.1}$$

bzw.

$$U_v \;=\; I_v\,Z_v \quad \text{bei} \quad Z_v \to \infty \tag{4.3.2}$$

in angeschlossenen Bauelementen verursachen können.

Derartige Anregungen können im elektrischen Versorgungsnetz durch nichtlineare Einspeiser und Verbraucher z.B. infolge von Sättigungserscheinungen in Trafos, Drosseln und rotierenden elektrischen Maschinen sowie insbesondere durch Stromrichtereinheiten hervorgerufen werden, da diese Systeme aufgrund nicht sinusförmiger Strom- bzw. Spannungsverläufe neben der Grundschwingungsfrequenz auch höherfrequente Anteile verursachen.

Bei elektrischen Maschinen wird durch entsprechende Auslegung bedingt der Oberschwingungsgehalt im Netz meist niedrig gehalten bzw. kann dieser durch gezielte Wahl (s. Abschnitt 4.2.4) sogar abgesenkt werden. Resonanzanregungen im Netz sind daher neben leistungselektronisch geregelten Verbrauchersystemen insbesondere auf Stromrichterversorgungen zurückzuführen, wie sie in Windkraftanlagen mit netzgeführten Umrichtern zur Anwendung kommen.

Am Beispiel des Windparks Westküste wurde vom Blockdiagramm Bild 4.3.1 ausgehend die Ersatzschaltung nach Bild 4.3.2 abgeleitet. Mit Hilfe eines hierfür entwickelten Programmes (Studienarbeit [4.8]) läßt sich der Impedanzverlauf bis zur 40. Oberschwingung nach Bild 4.3.3 für den Anschlußpunkt der Oberschwingungsquelle, die hier durch die Windkraftanlagen mit Umrichterspeisung gebildet wird, graphisch darstellen.

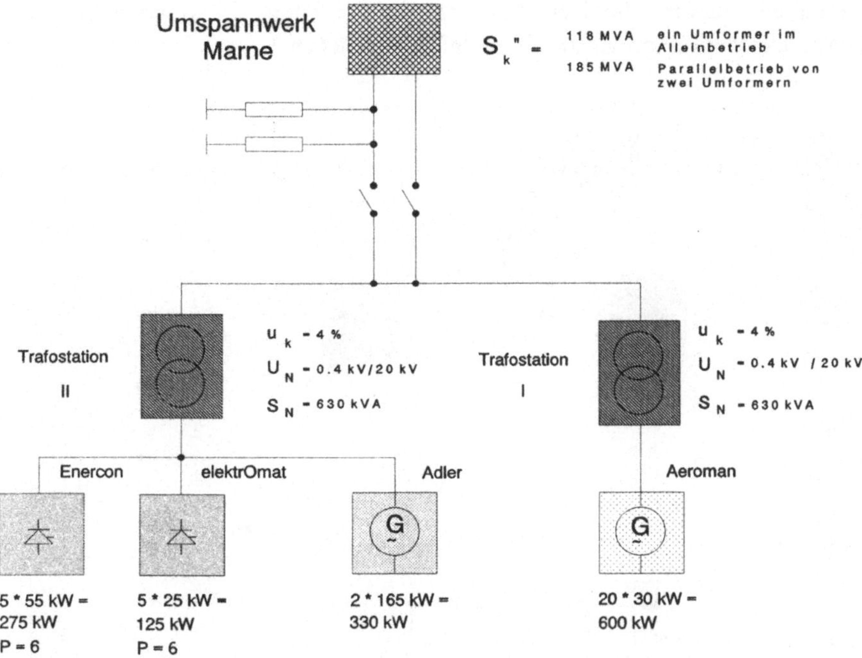

Bild 4.3.1: Blockschaltbild des Windparks Westküste

Bild 4.3.3 verdeutlicht in allen Frequenzbereichen unkritischen Betrieb. Relevante Resonanzpunkte mit lokalem Impedanzmaximum liegen oberhalb der 13. Oberschwingung, so daß höchstens 1/13 des Maximalwertes der Grundschwingung des Stromes wirksam werden würde. Somit treten bei keiner Frequenz derart hohe Spannungen auf, die Schäden an Bauelementen verursachen könnten.

Der in Bild 4.3.3 berechnete Impedanzverlauf ist für eine Kurzschlußleistung des Netzes in Marne von $S_K'' = 185$ MVA dargestellt. Würde der Windpark Westküste in ein Netz mit etwa einem Viertel des Leistungsvermögens einspeisen, so ergibt sich der in Bild 4.3.4 gezeigte Impedanzverlauf. Hieraus läßt sich deutlich erkennen, daß der Resonanzpunkt mit kleiner werdender Kurzschlußleistung zu niedrigeren Frequenzen (über die 11. Oberschwingung) verschoben wird und zu höheren Impedanzen und somit größeren Spannungsabfällen am Betrachtungspunkt führt. Mit abnehmender Kurzschlußleistung wird der Betrieb also zunehmend kritischer.

134

Bei Anschluß des Netzes über Freileitung wird gegenüber einer Verkabelung
aufgrund des stärker induktiven Verhaltens der Freileitung die Resonanzfrequenz
bei etwa gleichem Impedanzmaximum leicht angehoben.

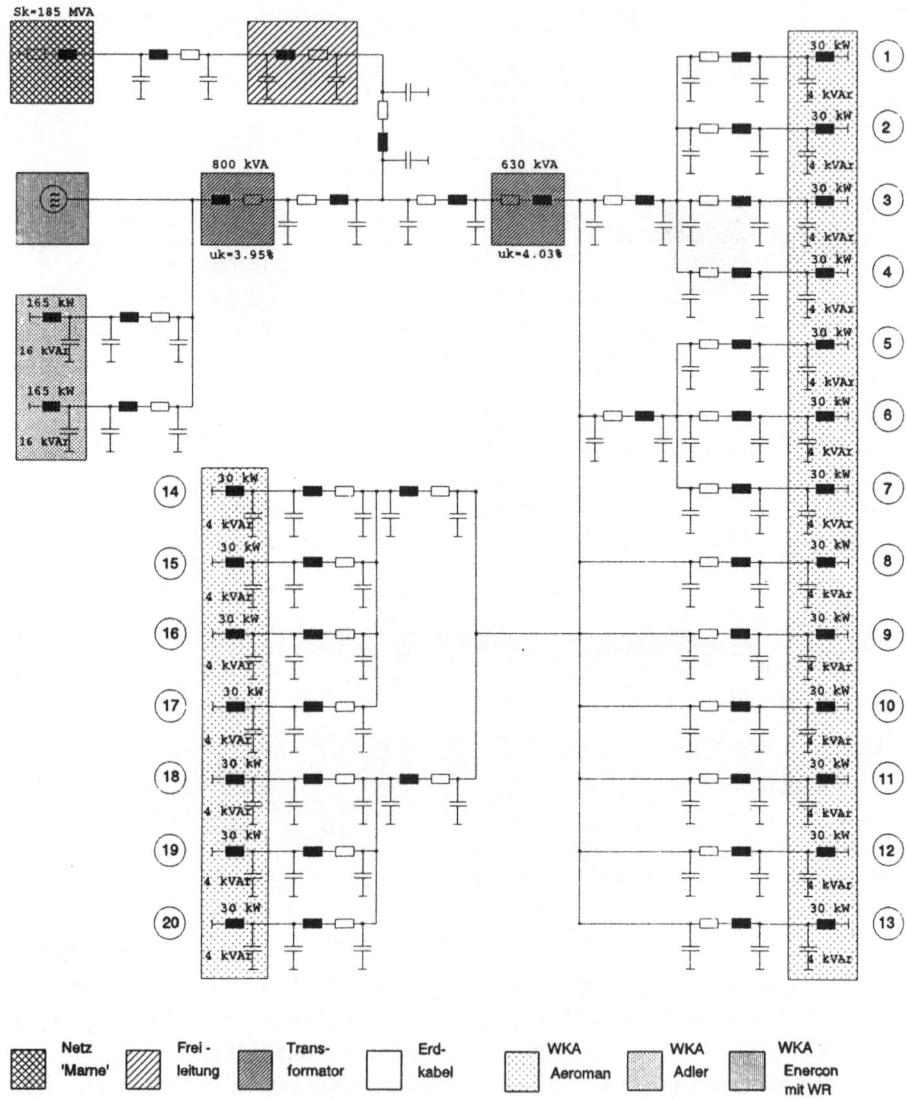

Bild 4.3.2: Ersatzschaltbild des Windparks Westküste
① ... ⑳ elektrischer Teil der Windenergieanlagen mit Kompensations-
einrichtung

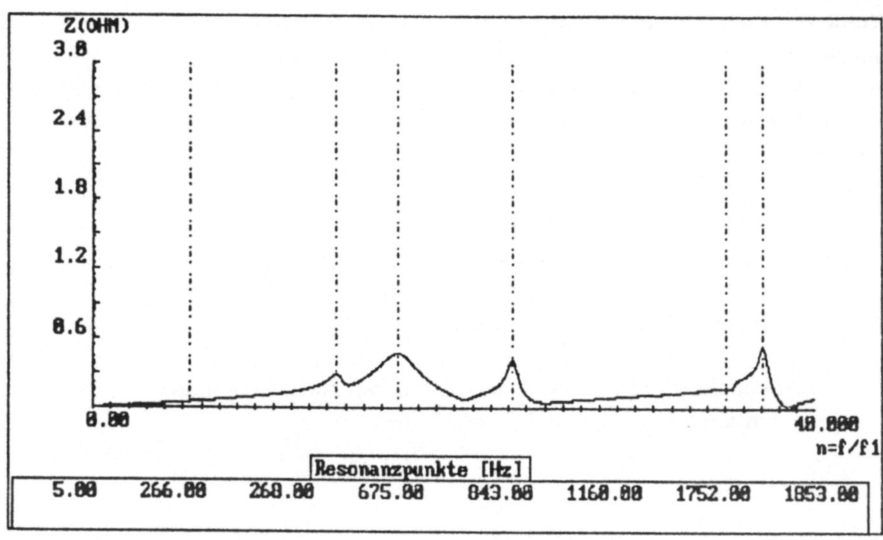

Bild 4.3.3: Impedanzverlauf des Netzwerkes am Windpark Westküste mit einer Kurzschlußleistung $S_K'' = 185$ MVA

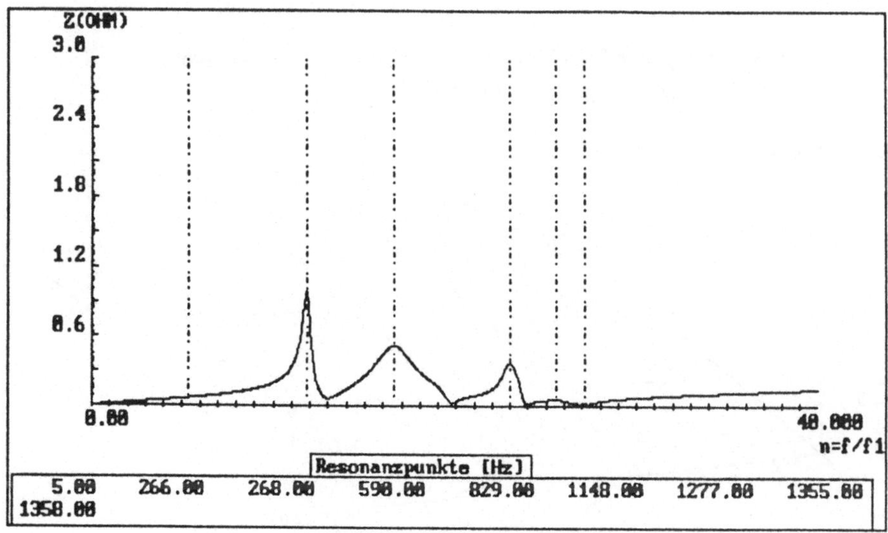

Bild 4.3.4: Impedanzverlauf in einem Netz mit einer Kurzschlußleistung $S_K'' = 50$ MVA

136

Werden einzelne Windkraftanlagen mit Asynchrongeneratoren und Kompensations-
einheiten vom Netz getrennt, so ergeben sich leichte Veränderungen im Impedanzverlauf nach Bild 4.3.5. Nur beim Übergang der angekoppelten Gruppen sind
aufgrund verschiedener Leitungslängen deutliche Unterschiede erkennbar. So wird
z.B. beim

- Zuschalten der ersten Anlage mit dem entsprechenden Teilnetz das
  · hohe Resonanzmaximum bei 1741 Hz ($\nu = 34{,}82$)

erheblich reduziert. In ähnlicher Weise zeigt sich diese Tendenz bei

- Ankopplung der fünften Anlage mit deren Netzzweig in der
  · mittleren Ordnungszahl ($\nu = 23{,}20$)

sowie bei

- Anbindung der ersten Anlage der letzten Dreiergruppe (achtzehnte Anlage)
  im
  · unteren Resonanzpunkt ($\nu = 14{,}04$).

Demgegenüber wird bei

- Zuschaltung der Stichleitung mit der vierzehnten Anlage ein
  · weiterer Resonanzpunkt ($\nu = 17{,}20$)

ausgebildet.

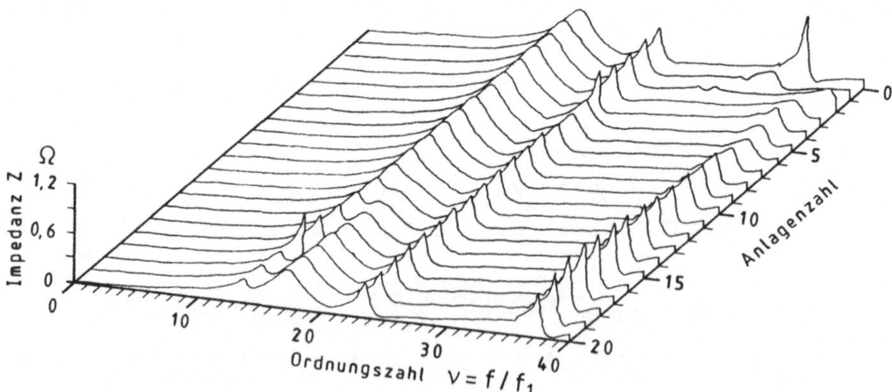

Bild 4.3.5: Impedanzverlauf des Netzwerkes am Windpark Westküste ($S_K'' =$ 185 MVA) in Abhängigkeit von der Ordnungs- und Anlagenzahl (0 bis 20 Anlagen mit je 30 kW)

Im zusammenfassenden Vergleich zwischen 20 Anlagen am Netz und deren vollständiger Abschaltung zeigen sich die relevanten Impedanzwerte nur leicht verändert. Der schwach ausgeprägte Resonanzpunkt von 20 Anlagen bei 675 Hz ($\nu = 13{,}50$) ist bei Trennung aller Anlagen vollständig verschwunden. Demgegenüber ist der etwas erhöhte Wert bei 843 Hz ($\nu = 16{,}86$) unwesentlich nach 830 Hz ($\nu = 16{,}60$) gerückt. Ein nächst höherer Resonanzpunkt bei 1160 Hz ($\nu = 23{,}20$) bleibt bei 1158 Hz ($\nu = 23{,}16$) erhalten. Der höchste Wert, der im Bereich bis zur vierzigsten Oberschwingung auftritt, hat sich ebenfalls nicht gravierend von 1853 Hz ($\nu = 37{,}06$) auf 1741 Hz ($\nu = 34{,}82$) verschoben.

Werden annähernd gleiche Kabelimpedanzen in der Ersatzschaltung nach Bild 4.3.2 zusammengefaßt, so läßt sich eine vereinfachte Struktur nach Bild 4.3.6 angeben. Der hieraus resultierende Impedanzverlauf nach Bild 4.3.7 zeigt sehr gute Übereinstimmung mit Bild 4.3.3. Eine Abweichung ist nur im Maximalwert in der Nähe der 37. Oberschwingung, die aufgrund der hohen Ordnungszahl und somit kleiner Amplitude i.a. keine Relevanz aufweist, zu erkennen. Eine derartige Näherung ist für die Bestimmung eventuell auftretender Resonanzpunkte, die kritische Werte annehmen können, weitgehend ausreichend.

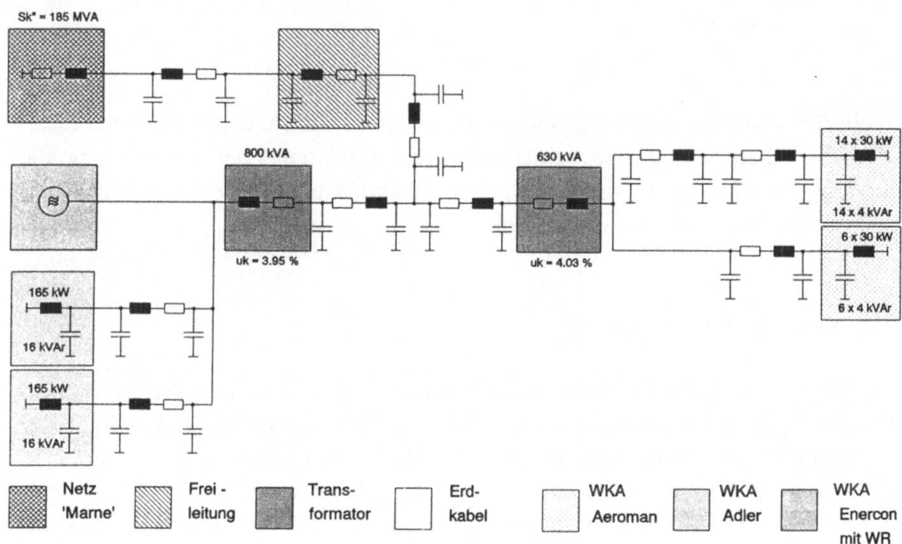

Bild 4.3.6: Vereinfachtes Ersatzschaltbild des Windparks Westküste

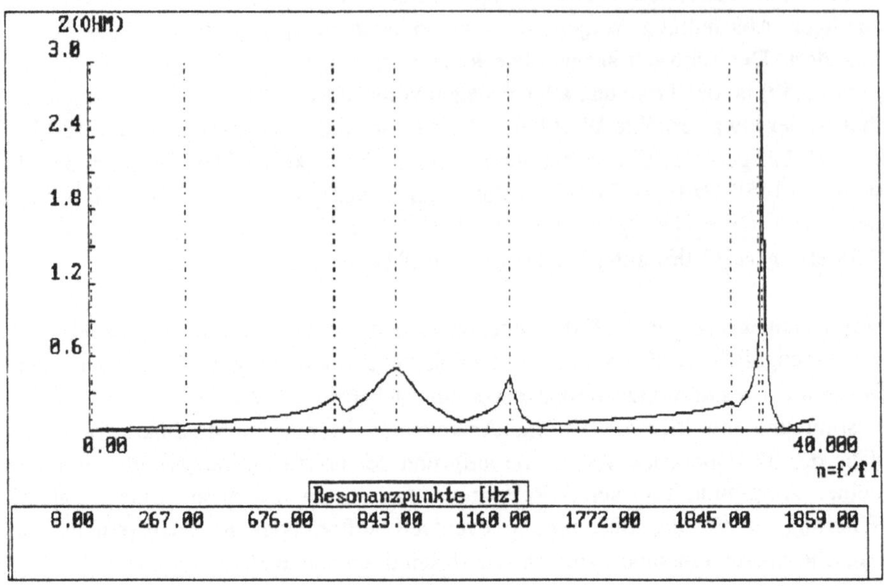

Bild 4.3.7: Impedanzverlauf des vereinfachten Netzwerkes am Windpark Westküste

Weiterführende Untersuchungen werden Ansätze zu Abhilfemaßnahmen bei Resonanzerscheinungen umfassen, so daß unter Berücksichtigung der Netzregelung, die
im folgenden betrachtet werden soll, stets unkritischer Betrieb von Windkraftanlagen am Netz erreicht werden kann.

4.4 Netzregelung

Die Turbinen bzw. Generatoren eines Kraftwerkes sind im allgemeinen mit propor-
tionalen Drehzahlreglern ausgestattet. Aus den Drehzahl-Leistungskennlinien der
Einzelgeneratoren entsteht für die gesamte Erzeugerwirkleistung P_E eines Netzes
eine stationäre Frequenz-Leistungskennlinie $\omega = f(P_E)$ nach Bild 4.4.1, die wesentlich flacher verläuft als die Kennlinie der größten Einzelmaschine. Für die Belastung P_L einschließlich des Kraftwerkseigenverbrauchs und der Verluste im Netz
ergibt sich eine etwa lineare stationäre Frequenz-Leistungskennlinie $\omega = f(P_L)$, deren
Steigung durch die gesamte Charakteristik der Verbraucher bestimmt wird. Als
stationärer Betriebspunkt im Netz stellt sich der Schnittpunkt beider Kennlinien mit
der Frequenz ω_0 ein, bei dem die Erzeugerleistung gerade die Verbraucheranteile

und die Netzverluste deckt, d.h. $P_E(\omega_0) - P_L(\omega_0) = 0$ ist. Aufgrund der flachen Kennlinien arbeitet jeder einzelne Generator auf ein praktisch frequenzstarres Netz.

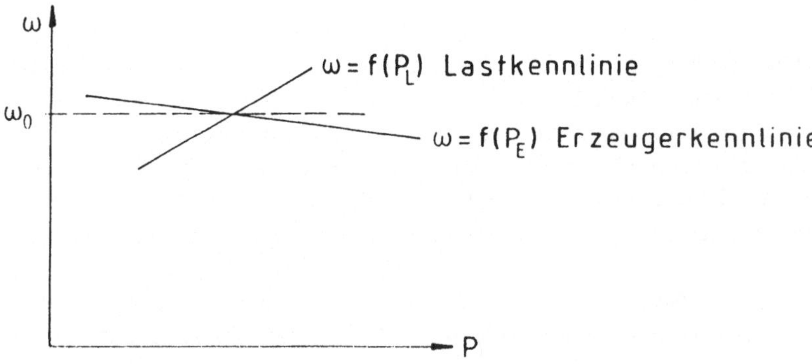

Bild 4.4.1: Erzeuger- und Verbraucherkennlinien eines Netzes [3.11]

Tritt eine lastbedingte Verschiebung der Netzfrequenz auf, werden die Erzeuger mit frequenzabhängiger Leistungscharakteristik entsprechend der eingestellten Statikkennlinie durch Leistungsänderung zur Frequenzhaltung herangezogen. Neben dieser sog. Primärregelung werden durch sog. Sekundärregelung und durch Lastmanagement, auf die hier nicht weiter eingegangen werden soll, die Frequenz und die Kuppelleistung überwacht und eingestellt.

Im Gegensatz zu konventionellen Kraftwerken speisen Windkraftanlagen i.a. ohne Berücksichtigung des Netzzustandes alle vom Wind angebotene Energie in das Netz ein. Darüber hinaus werden An- und Abfahrvorgänge meist nicht zentral kontrolliert durchgeführt. Bei niedrigen Leistungsanteilen unter 10 % werden sich hierbei keine gravierenden Einwirkungen ergeben.

In den nächsten Jahren sind jedoch vorwiegend im norddeutschen Küstenbereich zumindest regional teilweise sehr hohe Windkraftanteile im Netz vor allem bei guten Windverhältnissen zu erwarten. Netzeinwirkungen und möglicherweise erforderliche Maßnahmen zur Netzregelung können dann jedoch bei ungelenkter Windenergieeinspeisung erheblichen Umfang annehmen.

Bisher wird bei der Netzhaltung davon ausgegangen, daß Kleinkraftwerke und vor allem Windenergieanlagen nichts zur Einhaltung der Netzparameter beitragen können. Sie werden weitgehend nur als beliebig zuschaltbare negative Verbraucher angesehen. Um die Bildung asynchroner Inseln im Netz zu vermeiden, die schwer regelbar sind, werden bei Ausfall großer Erzeuger (konventioneller Kraftwerke) daher dezentrale Einrichtungen frühzeitig vom Netz getrennt. Damit fallen noch höhere Anteile aus, die das Netz z.B. bei genügend hohem Windangebot stützen könnten.

Bisherige Untersuchungen zu Leistungsschwankungen [4.9] und Austauschleistungen [4.10] in Windfarmen und Netzen beziehen sich auf Rechnersimulationen mit meist ungünstigen Annahmen. Die Ergebnisse der Messungen an einem bestehenden Windpark mit räumlich versetzter Anordnung der einzelnen Windkraftanlagen in Abschnitt 4.2.2 lassen wegen der zeitlichen Abfolge von Wind- bzw. Leistungsereignissen nur noch geringe Leistungsgradienten der Summenleistung erwarten.

Die Änderungen der Netzlast können in tageszeitbezogene, meist langsam ablaufende und größtenteils vorhersehbare sowie in zufällige Variationen aufgeteilt werden.

Örtliche Windgeschwindigkeiten und Richtungswerte sowie deren Gradienten können bereits beim momentanen Stand der Meteorologie weitgehend zuverlässig vorausgesagt werden. Diese Vorhersagen lassen sich für energetische Erfordernisse in Zukunft bestimmt noch erheblich verfeinert gestalten und stark verbessern. Somit können bei genauer Kenntnis der Windkraftanlagen, ihrem Verhalten und ihrem Standort ebenfalls relativ sichere Vorhersagen der Einspeiseleistungs-Zeitverläufe gemacht werden.

Hierzu lassen sich mit zeitgleichen Messungen in großer räumlicher Verteilung in Deutschland im Rahmen des 250 MW-Wind Meß- und Evaluierungs-Programms [4.11] erste Ansätze erzielen und meßtechnisch belegen. Mit derartigen Aussagen können in Zukunft Methoden erarbeitet werden, mit deren Hilfe langfristig netzstützende Maßnahmen ergriffen, Ersatzanlagen vorausschauend in Betrieb gesetzt oder zu diesem Zeitpunkt nicht unbedingt erforderliche Verbraucher abgeschaltet werden. Somit könnte der Wert der Windenergie vom negativen Verbraucher zu einer netzstützenden Größe erheblich gesteigert werden.

Zu diesem Ergebnis führt eine Regelung und Betriebsführung der eingesetzten Windkraftanlagen, die dem konventionellen Kraftwerkscharakter nahe kommt. Die Aufgaben und dafür mögliche Ausführungen sollen im folgenden Abschnitt angerissen werden.

5 Regelung von Windkraftanlagen

Thermische Kraftwerke erlauben stets Eingriffe in die Turbinenantriebsleistung.
Bei ihnen muß unterschieden werden zwischen Reaktionen auf langfristig notwendige Veränderungen durch die Energiezufuhr und kurzzeitige Leistungsangleichungen
in begrenztem Maße über den Dampfkreislauf oder entsprechende Energietransportwege. Demgegenüber ermöglichen Dieselaggregate, Gasturbinen o.ä. Systeme
(s. Bild 5.1 a) über den Netzzustand und die Anlagenregelung (bzw. Statik) die

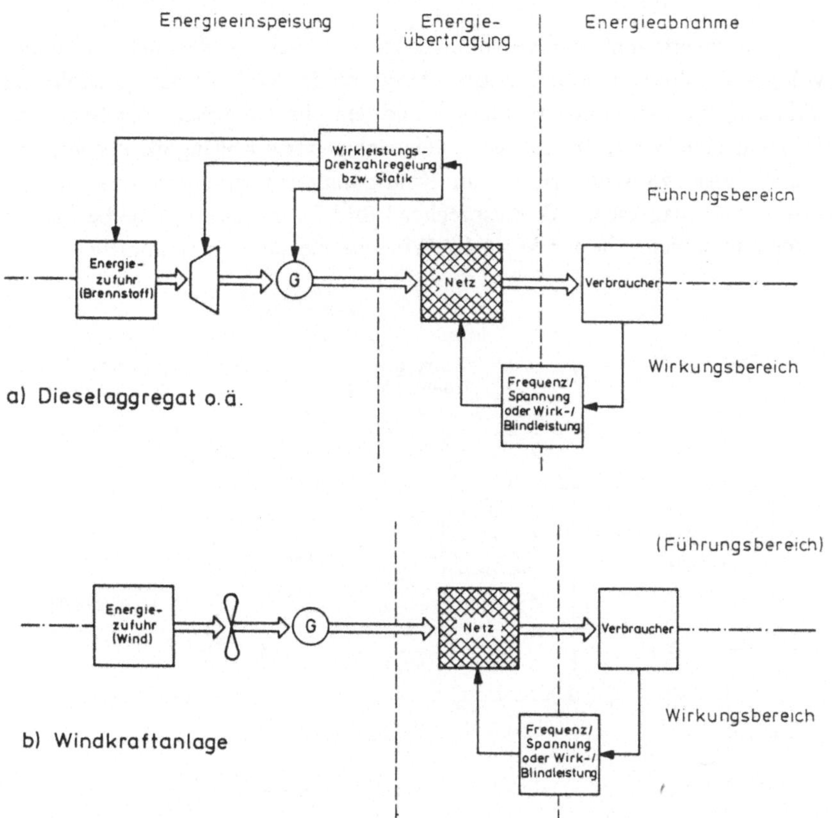

Bild 5.1: Energiefluß und Unterschiede im Wirkungs- und Führungsbereich von
elektrischen Versorgungssystemen mit
a) Dieselaggregaten o.ä.
b) Windkraftanlagen bei ungeführter Einspeisung

142

Brennstoffzufuhr und somit die Energieeinspeisung lang- und kurzfristig an die sich
ändernden Verbraucherverhältnisse im vorgegebenen Leistungsrahmen anzuglei-
chen.

Windturbinen sind hingegen der Luftströmung ausgesetzt. Diese unterliegt jedoch
hauptsächlich witterungs- und standortbedingten Einwirkungen. Somit wird das
Netz nicht nur durch Schwankungen auf der Energieabnehmerseite, sondern - bei
unkoordinierter Speisung aus Windkraftanlagen - auch durch Schwankungen in der
Energiezufuhr beeinflußt (s. Bild 5.1 b).

Die Verbrauchswerte und Windverhältnisse scheinen bei oberflächlicher Betrachtung völliger Zufälligkeit zu unterliegen. Aufgrund der Verbrauchergewohnheiten
in Verbindung mit den Umwelteinflüssen und den physikalischen Gegebenheiten
bei entsprechenden Windverhältnissen sind jedoch gewisse Abhängigkeiten vorhanden. Diese genau zu strukturieren, in Konfigurationen zu übertragen und im
Einspeise-/Lastmanagement z.B. entsprechend Bild 5.2 zu nutzen, muß besondere
Bedeutung zukommen, um den Wert der Windenergie steigern zu können.

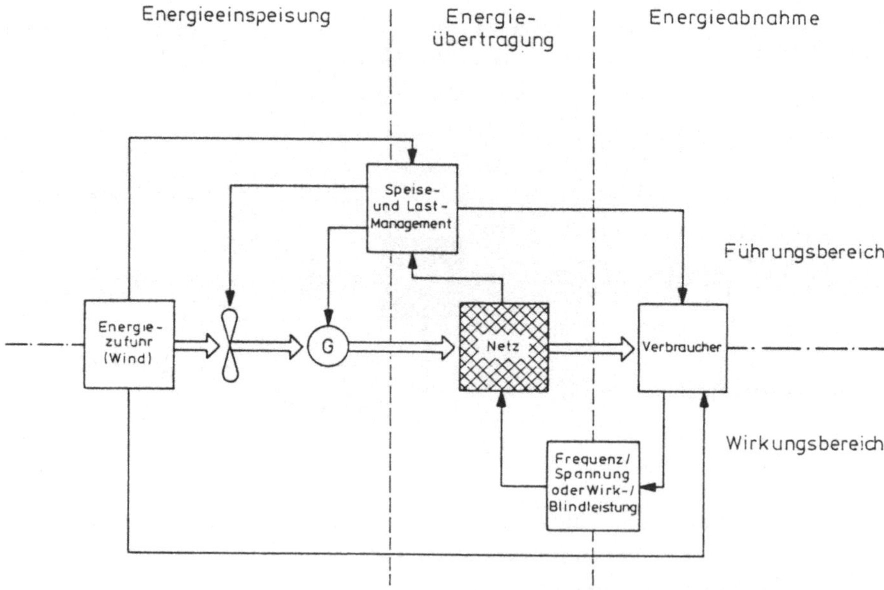

Bild 5.2: Energiefluß eines elektrischen Versorgungssystems mit geführter Windenergieeinspeisung

Auf der Energieangebotsseite wirken **kurzzeitige Windgeschwindigkeitsänderungen** wie z.B. Böen auf das Verhalten von Windkraftanlagen besonders stark ein. Sie können zu hohen Beanspruchungen an Komponenten führen und Schwankungen der elektrischen Ausgangsgrößen (Spannung, Frequenz, Leistung) verursachen. Diese schnell ablaufenden Vorgänge beeinflussen somit die **Regeleigenschaften** des Systems. Weiterhin lassen sich Anforderungen an die Baugruppen und deren Reaktionseigenschaften bestimmen, so daß die Funktionstüchtigkeit und die Integrationsfähigkeit einer Anlage gewährleistet wird.

Im Gegensatz zur Regelung hat die Betriebsführung sowohl stets aktuelle Sollwerte vorzugeben als auch auf mittel- und langfristige Variationen im Minuten- bis Jahreszeitbereich zu reagieren, wobei hohe Verfügbarkeit über Lastanpassung oder Energiespeicher (hier nicht näher betrachtet) erreicht werden kann.

Konzeptionen zur Regelung und Betriebsführung von Windkraftanlagen mit Synchron- und Asynchrongeneratoren sind in [5.1] für den Netz- und Inselbetrieb ausführlich dargestellt. Die anlagenspezifische Auslegung der einzelnen Regelkreise etc. soll hier nicht weiter ausgeführt werden.

Die Wechselwirkung zwischen Einspeisesystemen und Verbrauchern bestimmt das Verhalten der gesamten Konfiguration bei schwachen Netzen und in besonderem Maße im Inselbetrieb sehr stark. Dieser soll daher im folgenden kurz dargestellt werden.

5.1 Inselbetrieb als Vorbetrachtung zum Verhalten an leistungsschwachen oder stark ausgelasteten Netzen

Eine direkte Versorgung elektrischer Verbraucher durch Windkraftanlagen im Alleinbetrieb läßt sich bei genügend großem Windenergieangebot durch

- Drehzahlregelung an der Windturbine, d.h. Frequenzhaltung am Generator, über
- gezielte Einwirkung auf die Turbinenleistung

erreichen, falls die

- Spannung am
  - mechanisch-elektrischen Wandlersystem oder
  - Verbraucher

entsprechend den Anforderungen durch Ausgleich der notwendigen

144

- Blindleistung über
  · Änderung der Generatorerregung,
  · Kondensatoren bzw.
  · statische oder rotierende Phasenschieber

eingehalten werden kann (s. Bild 5.1.1). Dabei sind z.B. beim Synchrongenerator
der Frequenzwert und die zugehörige Spannungsbildung voneinander abhängig.
Entsprechend der gezeigten Zuordnung der Wirkungsbereiche im Generator von

- Wirkleistung und Frequenz f_1 bzw.
- Blindleistung und Spannung U_1 (in Verbindung mit der elektrischen
  Abgabeleistung P_{el})

lassen sich in gewissen Grenzen beide Netzzustandsgrößen (f, U) als weitgehend
entkoppelte Ein- bzw. Auswirkungsarten betrachten, so daß vereinfacht jeweils
separate Regelkreise - eventuell unter Verwendung von Entkopplungsnetzwerken -
gebildet werden können.

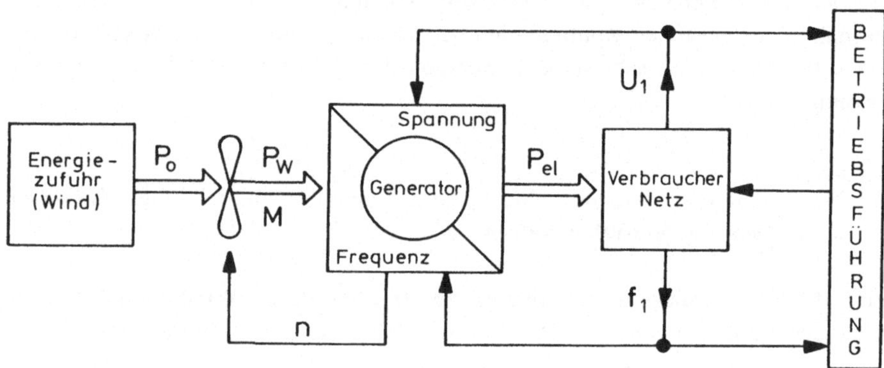

Bild 5.1.1: Wirkungsbereiche beim Inselbetrieb von Windkraftanlagen

Die im Wind enthaltene Leistung P_0 wird entsprechend dem Turbinenzustand als
Anteil P_W bzw. Drehmoment M vom Windrad weitergegeben. In Wechselwirkung
zwischen Antriebs- und Lastmoment, das durch die Verbraucher hervorgerufen
wird, entsteht die Generatorfrequenz bzw. -drehzahl.

Überschreitet die Verbraucherlast das Leistungsvermögen der Windkraftanlage, so kann ein geordneter Betrieb nur aufrecht erhalten werden, wenn die

- Last an die gegebenen Leistungswerte der vorherrschenden Windverhältnisse angepaßt wird

oder

- Zusatzversorgungen eingeschaltet werden.

Mit Hilfe der Betriebsführung lassen sich einerseits

- Verbraucher entsprechend ihrer Versorgungspriorität abschalten oder ein
- Batteriespeicher mit Umkehrstromrichter zum kurzzeitigen und mittelfristigen Ausgleich sowie
- Dieselaggregate o.ä. bei langzeitigem Defizit

zum Eingriff bringen. Die Führung derartiger Systeme, von denen Prototypen in Erprobung sind und die zunehmend an Bedeutung gewinnen werden, soll hier nicht näher betrachtet werden. Aus diesen Konzeptionen lassen sich jedoch Führungsprinzipien ableiten, die erheblich ausweitbare Möglichkeiten zur Integration der Windkraft in Netze erlauben.

5.2 Netzbetrieb

Beim Betrieb von Windkraftanlagen am starren Verbundnetz wird i.a. davon ausgegangen, daß die von der Turbine angebotene Leistung bis zum Abgabevermögen des Generators stets direkt an das Netz weitergegeben werden kann. Auf diese Weise läßt sich ein hoher Energienutzungsgrad erreichen. Um den Triebstrang, den Generator und die Netzanbindung vor Überlast zu schützen, genügt es somit, die Leistung auf den auslegungsbedingten Nenn- oder Maximalwert zu begrenzen. Wie eingangs bereits gezeigt wurde, kann dies für Regelzwecke **kurzfristig** durch

- aktive Eingriffe an der Turbine über eine Veränderung der Rotorblattstellung zur Wind- bzw. Anströmrichtung geschehen oder
- passiv über den Betrieb im Strömungsabriß konstruktiv vorbestimmt

erreicht werden.

146

Für **langfristige** Einwirkungen durch die Betriebsführung ist eine

- Drehung der Rotationsebene von Turbinen in Richtung des Windes möglich (Sturmschutz).

"Stallgeregelte" Windkraftanlagen mit direkter Netzkopplung eines Asynchrongenerators weisen nach Bild 5.2.1 bei unterschiedlichen

- Einwirkungen durch Veränderung der
  · meteorologischen Randbedingungen (Windgeschwindigkeit, Windrichtung, Luftdichte etc.) und
  · Netzzustände (Frequenz, Spannung)

über die konstruktive Auslegung der

- Turbinen- und Generatorparameter

stets ein

- fest eingeprägtes Verhalten

auf. Weiterhin sind sie

- anlagenbedingten Gegebenheiten durch
  · Langzeitveränderungen wie z.B. Verschmutzung der Rotorblätter,
  · vorübergehende Einflüsse infolge von Blattvereisung etc. oder
  · periodisch wiederkehrende Fluktuation wie Turmschattendurchgang usw.

unterworfen. Standortspezifisch auftretende Oberschwingungen oder Resonanzfrequenzen im Netz lassen sich - falls erforderlich - durch entsprechend ausgelegte Generatorwicklungen vermindern. Betriebsbedingte Eingriffe im Hinblick auf niedrige Netzeinwirkungen (z.B. Leistungsschwankungen) sind allerdings nicht möglich.

Stallgeregelte Windturbinen sind im Leistungsbereich bis ca. 200 kW vorwiegend in kalifornischen und dänischen Windfarmen in großer Stückzahl anzutreffen. Die Einflußmöglichkeiten der sog. Regelung und Betriebsführung beschränken sich somit weitgehend auf Ein- und Ausschaltvorgänge, die auch über Stromrichter geführt (Sanftanlauf) oder zu definierten Zeitpunkten erfolgen können. Diese lassen sich auch durch Fernüberwachung beeinflussen.

Werden derartige Anlagen in großer Anzahl errichtet und betrieben, so ergeben sich nach Abschnitt 4.2.2 mit zunehmender Quantität und entsprechender Ausdehnung der Standorte größere Ausgleichseffekte bei Leistungsschwankungen. Der Betrieb stallgeregelter Anlagen ist daher bei niedrigen Anteilen der Einzelleistungen an der gesamten Einspeisestelle durchaus sinnvoll.

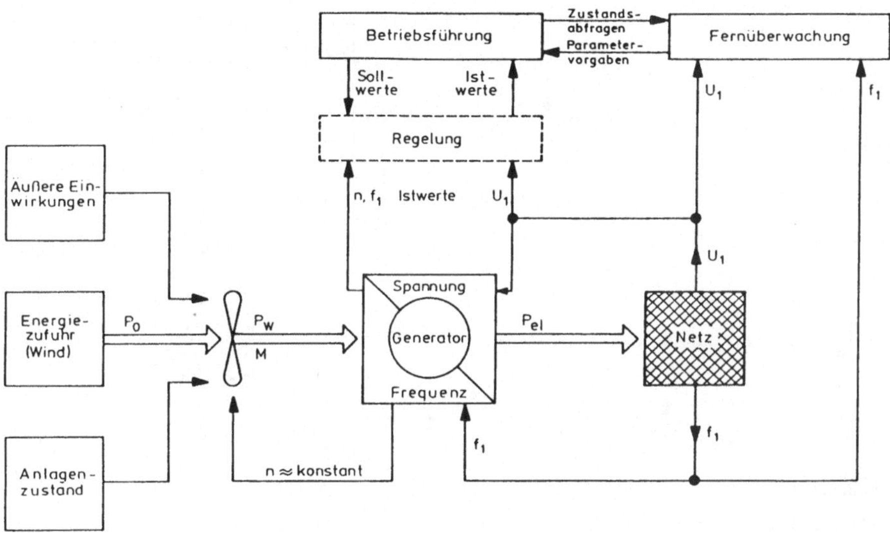

Bild 5.2.1: Führungs- und Regelungsbereich einer drehzahlfest vom Netz geführten Windkraftanlage ohne Blattverstellung

Falls Netze jedoch durch (große) Einzelanlagen oder kleinere Verbünde sehr stark ausgelastet werden sollen - was in windreichen Gebieten mit bisher meist niedriger Versorgungsleistung aus Kostengründen anzustreben ist - muß den Netzeinwirkungen von Einzelanlagen oder günstigen Kombinationen von gegenseitig sich ergänzenden oder kompensierenden Systemen (s. Bild 4.2.8b) größere Bedeutung beigemessen werden.

Im Gegensatz zu Bild 5.2.1 kann nach Bild 5.2.2 die Windleistung bzw. das **Antriebsmoment** über die Generatorfrequenz f_G, d.h. die **Anlagendrehzahl n** durch die Betriebsführung und Regelung entsprechend den Betriebsanforderungen **beeinflußt** werden. Fernüberwachungssysteme können dabei zur Vorgabe von Leistungsmaximalwerten etc. zukünftig erheblich an Bedeutung gewinnen. Anlagentechnisch können derartige Anpassungen, wie meist ausgeführt, durch Frequenzumsetzung über leistungselektronische Umrichtersysteme mit oder ohne

148

Gleichstromzwischenkreis erfolgen. Alternativ dazu sind auch, wie in Bild 5.2.2 gestrichelt angedeutet, Veränderungen bei der zugeführten Leistung über die Drehzahl am Windrad durch **Variation der Getriebeübersetzung** möglich. Damit lassen sich netzstarre Synchrongeneratoren zur Spannungs- und Frequenzhaltung netzbildend nutzen und niedrige Netzeinwirkungen erreichen.

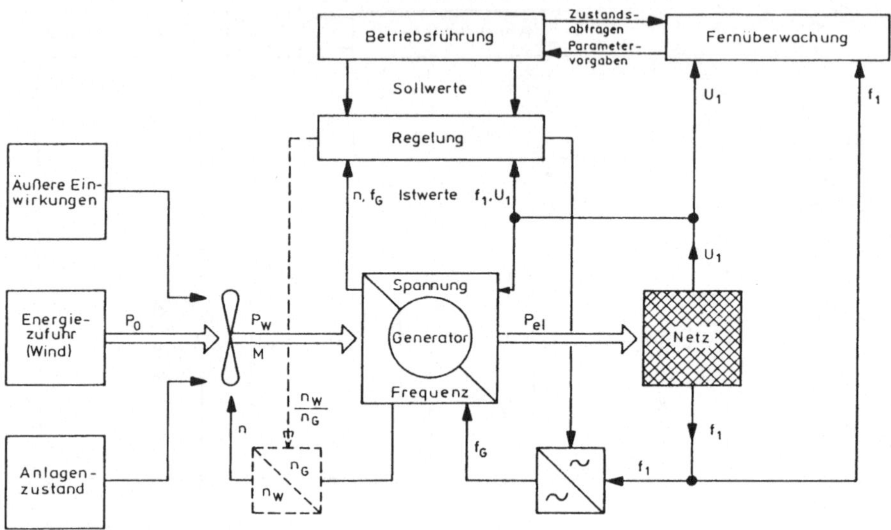

Bild 5.2.2: Führungs- und Regelungsbereich einer drehzahlvariabel geführten Windkraftanlage ohne Blattverstellung

Die **Blattverstellung** an Windturbinen erlaubt nach Bild 5.2.3 gezielte Eingriffe in den Energiefluß des Systems zur Regelung oder Begrenzung der Abgabeleistung über den Blatteinstellwinkel β. Durch Zustandsabfragen der Betriebsführung können Schalt- und Regelungsparameter von der Fernüberwachung sowie entsprechend modifizierte Sollwerte von der Betriebsführung vorgegeben werden. Äußeren Einwirkungen, die insbesondere den Leistungsfluß verändern, vermag die Regelung stets zu folgen, falls die vom Wind angebotene Energie ausreichend ist. Abweichungen vom ursprünglichen Anlagenzustand der Turbine, wie z.B. Vereisung, Verschmutzung der Blätter, lassen sich hingegen nur durch Überwachung und Korrektur der Turbinenparameter ausgleichen.

Eine Drehzahlregelung durch Blattverstellung, die im Inselbetrieb üblich ist, kann im Netzbetrieb auch für einen gezielten Hochlauf des Windrades zur Synchronisierung des Generators genutzt werden.

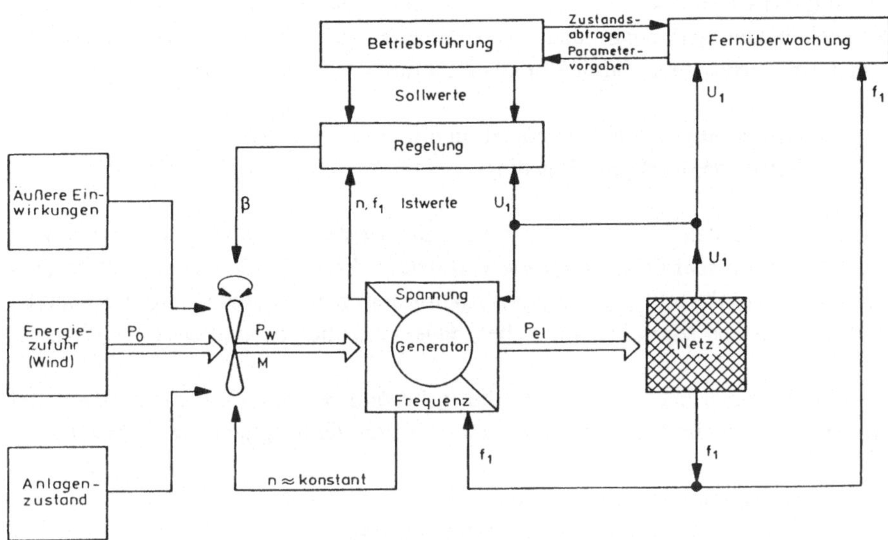

Bild 5.2.3: Führungs- und Regelungsbereich einer drehzahlfest mit dem Netz verbundenen Windkraftanlage mit Blattverstellung

Im Gegensatz zu kleinen Anlagen, die nur teilweise mit einer Blatteinstellwinkelregelung ausgestattet sind, werden Windturbinen ab ca. 300 kW Nennleistung fast ausschließlich mit dieser Einrichtung betrieben. Dabei können die Rotorblätter in ihrer gesamten Länge oder an ihrem äußeren Ende - dem besonders leistungsaktiven Teil - verstellt werden. Die aerodynamisch sehr verschiedenartigen Auswirkungen auf die Turbinenbelastung und Drehmomentenbildung sollen hier nicht näher betrachtet werden.

Im Hinblick auf eine Verminderung von Netzeinwirkungen lassen sich insbesondere Einflüsse durch Leistungsschwankungen reduzieren, falls - wie bei derartigen Turbinen gegeben - die Energieaufnahme aktiv verändert werden kann.

Nach Bild 4.2.2 sind die größten Leistungsfluktuationen von einzelnen Windkraftanlagen im Teillastbereich zu erwarten. Bei diesen Betriebszuständen kommt die Leistungsbegrenzung durch Blattverstellung nicht oder nur selten zum Eingriff. Bild 4.2.2 zeigt weiterhin (im rechten Teil), daß im Arbeitsbereich über Nennwindgeschwindigkeit die Leistungsvariationen erheblich verringert werden. Hierbei ist die Blatteinstellwinkelregelung voll im Eingriff.

Leistungsschwankungen und damit verbundene Netzeinwirkungen in leistungsschwachen oder stark ausgenutzten Netzen lassen sich also herabsetzen, wenn z.B.
über Fernüberwachung durch Vorgaben an die

- Betriebsführung entsprechend modifizierte
- Sollwerte durch die Regelung

eingehalten werden können. Dieser Vorgang ist allerdings stets mit einem verminderten Windenergienutzungsgrad verbunden. Weiterhin kann die Blattverstelleinrichtung bei derzeit üblicher Konstruktion durch andauernde Eingriffe überaus
stark belastet und somit in ihrer Lebensdauer erheblich beeinträchtigt werden.

Windkraftanlagen nach Bild 5.2.4, die insbesondere bei Einheiten mittlerer und
großer Leistung zur Anwendung kommen, bieten die Möglichkeiten, über die

- Blattverstellung und über die
- Turbinendrehzahl oder Generatorfrequenz

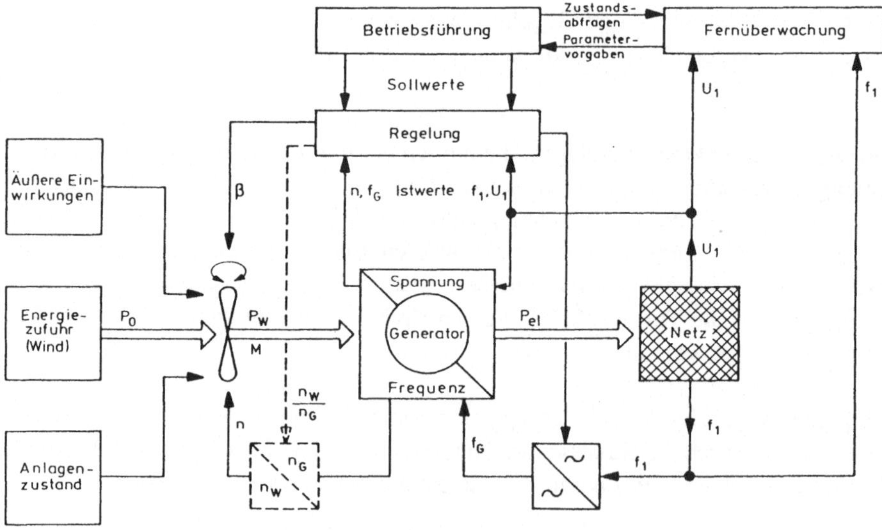

Bild 5.2.4: Führungs- und Regelungsbereich einer drehzahlvariabel betriebenen
Windkraftanlage mit Blattverstellung

auf die Windradleistung bzw. auf das Antriebsmoment am Generator einwirken zu können. Derartige Anlagen besitzen also zwei unabhängige Eingriffssysteme. Damit kann die Betriebssicherheit erheblich gesteigert werden. Durch gezielte Aufteilung der Einflußmöglichkeiten lassen sich unter Ausnutzung der rotierenden Massen als Schwungspeicher bei Drehzahlvariationen

- mechanische Regelungsvorgänge wesentlich reduzieren und
- Bauteilbeanspruchungen im
  · Blattverstellsystem einerseits sowie im
  · Turbinen-, Triebstrang- und Generatorbereich andererseits

erheblich abbauen. Somit erlauben derart führbare Windkraftanlagen die

- Netzeinwirkungen in bezug auf Leistungsfluktuationen zu verringern und die
- Komponentenbelastungen zu minimieren.

Dadurch können die konstruktiven Randbedingungen erheblich günstiger gestaltet werden als bei den anderen Systemen. Ansätze, diese genau zu quantifizieren sind vorhanden. Möglichkeiten zur Definition der Konstruktion und Ausführung von relevanten Elementen werden noch umfangreiche Langzeituntersuchungen in Anspruch nehmen.

Besonderes Augenmerk wird der Sicherheit von Gesamtsystemen und Teilkomponenten in Verbindung mit redundanten Ausführungen zukommen. Hierbei bieten Regelungssysteme nach Bild 5.2.4 mit verschiedenartigen Eingriffmöglichkeiten überaus große Vorteile. Bei Kenntnis der in Windkraftanlagen auftretenden Fehler und Ausfälle, die momentan aufgrund der bisher geringen Laufzeiten noch hauptsächlich in der Regelung und im elektrischen System ihre Ursache haben, lassen sich Maßnahmen zur Verbesserung der Sicherheit und zur Erhöhung der Lebensdauer von Anlagen ableiten. Kritischen Komponenten wird daher zunächst besondere Aufmerksamkeit hinsichtlich der Lebensdauer bei (Groß-) Serieneinsatz zu widmen sein. Hierbei kann aufgrund der niedrigen Kostenanteile z.B. der elektrischen Bauelemente bei relativ geringem finanziellen Einsatz große Wirkung auf grundlegende Verbesserungen der Gesamtsysteme erzielt werden. Reparatur- und Wartungskosten lassen sich somit einsparen und die Anlagenverfügbarkeit kann erhöht werden.

Insgesamt gesehen lassen sich Windenergieanlagen so gestalten, daß sie für die Einspeisung elektrischer Energie in Inselnetze und insbesondere in Netze bestehender Versorgungsstrukturen geeignet sind.

6 Zusammenfassung

Windenergieanlagen werden momentan fast ausschließlich zur elektrischen Energieversorgung eingesetzt. Sie speisen vorzugsweise in das sogenannte starre Verbundnetz ein. Zukünftig wird jedoch die Versorgung von kleinen Inselnetzen und Netzausläufern durch Windkraft wesentlich an Bedeutung gewinnen. Dabei sind Integrationsprobleme zu erwarten. Weiterhin werden Anforderungen für einen störungsfreien Betrieb der Einrichtung zu erfüllen sein. Im Rahmen dieser Arbeit stehen daher die Teilkomponenten und das Gesamtsystem zur Energiespeisung unter Verhaltensaspekten im Vordergrund. Darüber hinaus werden rechentechnische Vereinfachungen aufgezeigt, die eine Beschreibung und Nachbildung von Auslegungsvarianten erheblich erleichtern.

Für das System zur Windenergiewandlung führt ein geschlossenes Rechenverfahren zur Antriebsmomentenbestimmung trotz erheblicher Vereinfachungen zu Ergebnissen, die den Resultaten aus der modifizierten Blattelementmethode weitgehend entsprechen. Zur Leistungsregelung von Windturbinen sind für verschiedene Eingriffsvarianten am Rotorblatt bzw. am Nachführsystem auftretende Kräfte und Momente mit besonderem Blick auf Anschaulichkeit dargestellt. Die hier abgeleitete Struktur der Momente am Rotorblatt und die aufgezeigten Abhängigkeiten geben die Komplexität des Gesamtsystems wieder. Für die Blattverstellung und den mechanischen Triebstrang sind unter Berücksichtigung von physikalisch-technischen Zusammenhängen an Hand von Größenabschätzungen und praktischen Ausführungsdaten einfache Nachbildungsmöglichkeiten abgeleitet.

Der zentralen Lage mechanisch-elektrischer Energiewandlersysteme in Windkraftanlagen wird mit der Ausrichtung der Betrachtungen auf die Wechselwirkung zwischen den mechanischen Momenten im Triebstrang und der Anbindung des Generators an das Netz Rechnung getragen. Die vergleichende Darstellung von Asynchron- und Synchronmaschinen zeigt die Vielfalt an Wandlersystemen und eröffnet auf verschiedenartige Anforderungen orientierte Betriebsmöglichkeiten. Die Momentenabschätzungen für Normal- und Extremsituationen wie Einschalt- und Kurzschlußvorgänge geben einerseits auslegungstechnische Hinweise und erlauben andererseits eine vereinfachte rechentechnische Nachbildung der Generatoren. Einen besonderen Schwerpunkt bilden die zusammenfassenden Darstellungen hinsichtlich der Generatorauslegung für Windkraftanlagen. Den hier aufgezeigten Aspekten liegen umfangreiche Messungen an unterschiedlich ausgelegten Asynchronmaschinen (generatorisch, motorisch, Normalschlupf, erhöhter Schlupf) und weitreichende Betriebsergebnisse von Windkraftanlagen zugrunde. Die Maschinengröße in der 11 kW-Leistungsklasse erweist sich für diese Untersuchung als geeignet, da diese Einheiten sowohl aufgrund der Meß- und Prüfbedingungen im

Labor gut handhabbar sind als auch baulich bedingt bereits charakteristisches Verhalten für große Systeme aufweisen.

Die Energieübergabe von Windkraftanlagen an elektrische Versorgungsnetze - unter dem Aspekt möglicher Netzeinwirkungen und dem daraus resultierenden Betriebsverhalten betrachtet - ergibt Vorschläge für regelungstechnische Maßnahmen, die kraftwerksähnliche Bedingungen erlauben. Die Einspeisung an entlegenen Stellen und bei starker Netzauslastung hat erhebliche Auswirkungen auf den Netzaufbau. Fragen zum Netzschutz sind der Vollständigkeit halber an Hand einschlägiger Literatur kurz zusammengefaßt und mit Erfahrungen aus Untersuchungen ergänzt. Betrachtungen zu den Netzeinwirkungen beschränken sich auf Leistungsvariationen, damit verbundene Spannungsschwankungen und Unsymmetrien sowie Oberschwingungen und Zwischenharmonische. Sie sind auf ausgleichende Effekte und damit zusammenhängende Konstellationen ausgerichtet.

Grundlage dieser Untersuchungen bilden Messungen im Windpark Westküste (Kaiser-Wilhelm-Koog). Am dortigen Netz sind sowohl weitgehend drehzahlfeste als auch über die Generatorfrequenz variabel mit dem Netz verbundene Windkraftanlagen installiert. Auch große Leistungsfluktuationen von Einzelanlagen führen bereits bei Zusammenfassung von fünf Einheiten stets zu relativ geringen Schwankungen der Summenleistung. Weiterhin zeigt sich, daß im Teillastbereich der Turbinen hohe und im Vollastzustand nur niedrige Extremwerte der Leistungsschwankung auftreten. Hinsichtlich der Oberschwingungen und Zwischenharmonischen ergeben sich je nach Netzanbindung jedoch erhebliche Unterschiede. Diese sind an Hand der Einzelwerte untersucht und der Übersicht halber mit Hilfe des Klirrfaktors zusammenfassend dargestellt. Dabei zeigen sich bei direkter Netzkopplung von Generatoren aufgrund der dadurch erhöhten Kurzschlußleistung des Netzes mit zunehmender Anlagenzahl bessere Klirrfaktorwerte. Über Stromrichter mit dem Netz verbundene Systeme führen hingegen bei größer werdender Anzahl zu stärkerer Verformung der Netzspannung. Hierbei sich ausbreitende Oberschwingungen und Zwischenharmonische können Netzresonanzen verursachen, die in unterschiedlichen Konstellationen und Vereinfachungsgraden betrachtet sind. Die Untersuchungen ergeben, daß schwächere Netze eher als leistungsstarke Netzteile zu Resonanzen neigen, die allerdings bei genauer Kenntnis des Aufbausystems vorherbestimmt werden können.

Überlegungen zur Netzregelung leiten in den abschließenden Abschnitt über. Die Regelung von Windkraftanlagen läßt sich auf den dargestellten Grundlagen und Erfahrungen aufbauen. Es werden vorausschauende Maßnahmen gezeigt, die durch Führung von Windkraftanlagen netzbildende oder zumindest netzstützende Wirkung erreichen und somit den Wert der Windenergie steigern.

Dabei werden die Wirkungsbereiche des gesamten Versorgungssystems im Inselbetrieb und die weitgefächerten Problemstellungen in leistungsschwachen und stark ausgelasteten Netzen berührt. Mit Hilfe der Führungs- und Regelungsmaßnahmen werden für Windkraftanlagen ohne bzw. mit Blattverstellung sowie für drehzahlfest und drehzahlvariabel mit dem Netz verbundene Wandlersysteme Eingriffsmöglichkeiten aufgezeigt, die dazu beitragen,

- Komponentenbelastungen zu vermindern und
- Netzeinwirkungen abzubauen.

Nach heutigem Erfahrungsstand treten Ausfälle trotz redundanter Ausführungen aufgrund der großen Anzahl der Bauteile häufig in elektrischen und regelungstechnischen Komponenten auf. Sie vermindern die Verfügbarkeit des Systems und erhöhen die Kosten erheblich. Weiterführende F+E-Anstrengungen und sicherheitstechnische Betrachtungen sollten sich bei mittelgroßen Anlagen vorrangig auf diese Komponenten konzentrieren. Um die vorhandenen Windpotentiale ausschöpfen und damit in größerem Maße zur Umweltentlastung beitragen zu können, wird die Entwicklung von kostengünstigen, zuverlässigen Großanlagen der MW-Klasse [6.1], [6.2] jedoch unerläßlich sein.

Literatur

[2.1]   Schlichting, H.; Truckenbrodt, E.: Aerodynamik des Flugzeuges. 2. Band. Berlin: Springer, 1960.

[2.2]   Betz, A.: Wind-Energie und ihre Ausnutzung durch Windmühlen. Göttingen: Vandenhoeck und Ruprecht, 1926.

[2.3]   Gasch, R.: Windkraftanlagen. Grundlagen und Entwurf. 2. Auflage. Stuttgart: Teubner, 1993
Molly, J.P.: Windenergie: Theorie, Anwendung, Messung. 2. Aufl., Karlsruhe: Müller, 1990.

[2.4]   Rijs, R.P.P.; Smulders, P.T.: Blade Element Theory for Performance Analysis of Slow Running Wind Turbines. In: Wind Engineering. Vol. 14 (1990), No. 2, S. 62-79.

[2.5]   Wilson, R.; Lissaman, P.: Applied Aerodynamics of Wind Power Machines. Oregon State University, 1974.

[2.6]   Hernandez, J.; Crespo, A.: Aerodynamic Calculation of the Performance of Horizontal Axis Wind Turbines and Comparison with Experimental Results. In: Wind Engineering. Vol. 11 (1987), No. 4, S. 177ff.

[2.7]   Kraft, M.: Verfahren zur Leistungsbestimung für Windturbinen. Diplomarbeit Universität Gh Kassel, 1990.

[2.8]   Hau, E.: Windkraftanlagen. Berlin: Springer, 1988.

[2.9]   Divalentin, E.: The Application of Broad Range Variable Speed for Wind Turbine Entrancement. In: Hrsg: EWEA Conference. Rom, 1986.

[2.10] Eppler, R.: Vorlesungsmanuskript Technische Mechanik. Universität Stuttgart, 1968.

[2.11] SKF-Hauptkatalog. Schweinfurt, 1990.

[2.12] Försching, H.W.: Grundlagen der Aeroelastik. Berlin: Springer, 1974

[2.13] Heier, S.; Kleinkauf, W. (Universität Gh Kassel): Regelung einer großen Windenergieanlage (GROWIAN) - Abschlußbericht Teil III: Wirkleistung-Drehzahlregelung. Kassel, 1978.

[2.14] Cramer, G.; Drews, P.; Heier, S.; Kleinkauf, W.; Wettlaufer, R. (Universität Gh Kassel): Mitarbeit bei der Entwicklung der Windenergieanlage Aeromen - Regelung; Betriebsarten und Betriebsverhalten - Abschlußbericht. Kassel, 1979.

[2.15] Cramer, G.; Drews, P.; Heier, S.; Kleinkauf, W. (Universität Gh Kassel): Regelung und Simulation des Betriebsverhaltens der Windenergieanlage Näsudden/Schweden. Abschlußbericht. Kassel, 1980.

[2.16] Albrecht, P.; Cramer, G.; Drews, P.; Grawunder, M.; Heier, S.; Kleinkauf, W.; Leonhard, W.; Speckheuer, W.; Thür, J.; Vollstedt, W.; Wettlaufer, R. (Universität Gh Kassel. Fachgebiet Elektrische Energieversorgungssysteme / Technische Universität Braunschweig Institut für Regelungstechnik): Betriebsverhalten von Windenergieanlagen. Abschlußbericht zum BMFT-Forschungsvorhaben O3E-4362-A. Karlsruhe, 1984. BMFT-FB-T 84-154, Teil I

[2.17] Kleinkauf, W. et al. (Universität Gh Kassel, Fachgebiet Elektrische Energieversorgung): Windenergieanlagen im Verbundbetrieb. Abschlußbericht zum BMFT-Forschungsvorhaben 03E8160-A. Teil 1. Kassel, 1986.

[2.18] Hackenberg, G.: Interner Bericht zur Meßkampagne Aeroman 12,5/33. Universität Gh Kassel, Fachgebiet Elektrische Energieversorgungssysteme, 1985.

[3.1] Kleinkauf, W.; Hau, E.: Forschung in der Windenergietechnik. Schwerpunkte und Stand in der Bundesrepublik Deutschland, Fachzeitschrift Energie-Sonderbeilage. Hannover-Messe 1988.

[3.2] Vereinigung Deutscher Elektrisitätswerke (VDEW), Frankfurt am Main (Hrsg.): Grundsätze für die Beurteilung von Netzrückwirkungen. 2. überarbeitete Ausgabe. Frankfurt am Main: VDEW Verlag, 1987.

[3.3] Heier, S.: Windenergiekonverter und mechanische Energiewandler - Anpassung und Regelung: Deutsche Gesellschaft für Sonnenenergie. Bremen, 1977.

[3.4] Kovacs, K.P.; Racz, J.: Transiente Vorgänge in Wechselstrommaschinen. Band 1 und 2. Budapest: Verlag der Ungarischen Akademie der Wissenschaften, 1959.

[3.5] Schuisky, W.: Induktionsmaschinen. Wien: Springer, 1957.

[3.6]   Wüterich, W.: Übersicht über die Einschaltmomente bei Asynchronmaschinen im Stillstand. In: ETZ-A Bd. 88 (1967) S. 555-559, VDE-Verlag,
Berlin

[3.7]   Jordan, H.; Lorenzen, H.W.; Taegen, F.: Über den asynchronen Anlauf
von Synchronmaschinen. ETZ-A. Elektrotechnische Zeitschrift. Bd. 85
(1964), S. 296-305.

[3.8]   Keil, F.: Zur Berechnung des Asynchronen Anlaufs von Schenkelpol-Syn-
chronmaschinen mit massiven Polen. ETZ-A. Elektrotechnische Zeitschrift. Bd. 90 (1969), S. 396-399.

[3.9]   Siemens AG: Formel- und Tabellenbuch für Starkstrom-Ingenieure.
3. Auflage. Essen: Girardet, 1965.

[3.10]   Leonhard, W.; Vollstedt, W. et al.: Windenergieanlagen im Verbundbetrieb. Verbundbetrieb von großen Windenergieanlagen mit Gleichstrom-
und Drehstromsammelschiene. In: Bundesministerium für Forschung und
Technologie (Hrsg): Statusreport Windenergie. Lübeck 1./2.3.1988, S. 1-
20.

[3.11]   Leonhard, W.: Regelung in der elektrischen Energieversorgung. B.G.
Stuttgart: Teubner, 1980.

[3.12]   Kleinrath, H.: Stromrichtergespeiste Drehfeldmaschinen. Wien: Springer,
1980.

[3.13]   Engel, U.; Wickboldt, H.: Explosionsgeschützte Drehstrommotoren und
die neuen Normspannungen. Elektrotechnische Zeitschrift Bd. 112 (1991),
S. 1082-1086.

[4.1]   Curtice, D.H.; Patton, J.B.: Analysis of utility protection problems asso-
ciated with small wind turbine interconnections. In: IEEE Transactions on
Power Apparatus and Systems. Vol. PAS-101 (1982), Nr. 10, S. 3957-
3966.

[4.2]   Dugan, R.C.; Rizy, D.T.: Electric Distribution protection problems asso-
ciated with the interconnection of small, dispersed generation devices. In:
IEEE Transactions on Power Apparatus and Systems. Vol. PAS-103
(1984), Nr. 6, S. 1121-1127.

[4.3]   Flosdorff, R.; Hilgarth, G.: Elektrische Energieverteilung. Stuttgart:
         Teubner, 1986.
         Happoldt, H.; Oeding, D.: Elektrische Kraftwerke und Netze. Berlin:
         Springer, 1978.

[4.4]   Brown, M.T.; Settebrini, R.C.: Dispersed generation interconnections via
         distribution class two-cycle circuit breakers. In: IEEE Transactions on Po-
         wer Delivery. Vol. 5 (1990), Nr. 1, S. 481-485.

[4.5]   Webs, A.: Einfluß von Asynchronmotoren auf die Kurzschlußstromstärken
         in Drehstromanlagen. Offenbach: VDE-Verlag, 1972. VDE-Fachberichte
         Bd. 27.

[4.6]   Westinghouse Electric Corporation: Electrical Transmission and Distribu-
         tion. Reference Book, East Pittsburgh, PA 1964.

[4.7]   Krause, P.C.; Man, D.T.: Transient Behavior of Class of Wind Turbine
         Generators During Electrical Disturbance. In: IEEE Transactions on Po-
         wer Apparatus and Systems. Vol. PAS-100 (1981), Nr. 5, S. 2204 - 2210.

[4.8]   Götze, F.; Schäfer, H.; Schulz, D.: Impedanz - Simulation beliebiger
         Netzkonfigurationen. Projektarbeit II, Universiät Gesamthochschule Kas-
         sel, 1991.

[4.9]   Oort, H.A. van: Numerical Model for Calculating the Power Output Fluc-
         tuations from Wind Farms. In: Journal of Wind Engineering and Industrial
         Aerodynamics. Vol. 27 (1988).

[4.10]   Cretcher, C.K.; Simburger, E.J.: Load Following Impacts of a Large
         Wind Farm on an Interconnected Electric Utility System. In: IEEE Trans-
         actions on Power Apparatus and Systems. Vol. PAS-102 (1983), Nr. 3, S.
         687-692.

[4.11]   Enßlin, C.; Durstewitz, M.; Heier, S.; Hoppe-Kilpper, M.: Wind Farms
         in the German "250 MW Wind"-Programme. European Wind Energy
         Association Special Topic Conference '92. The Potential of Wind Farms,
         P. B 4.1 bis B 4.7. Herning, Dänemark, 1992.

[5.1]   Albrecht, P.; Cramer, G.; Drews, P.; Grawunder, M.; Heier, S.; Klein-
        kauf, W.; Leonhard, W.; Speckheuer, W.; Thür, J.; Vollstedt, W.; Wett-
        laufer, R. (Universität Gh Kassel. Fachgebiet Elektrische Energieversor-
        gungssysteme / Technische Universität Braunschweig Institut für Rege-
        lungstechnik): Betriebsverhalten von Windenergieanlagen. Abschlußbericht
        zum BMFT-Forschungsvorhaben O3E-4362-A. Karlsruhe, 1984. BMFT-
        FB-T 84-154, Teil II.

[6.1]   Ad-hoc-Ausschuß beim Bundesminister für Forschung und Technologie.
        Abschlußbericht Großwindanlagen. Bonn, 1992.

[6.2]   Heier, S.; Kleinkauf, W.: Technik und Perspektiven der Windenergienut-
        zung. Deutsche Windenergiekonferenz DEWEK 92. 28./29. Oktober
        1992, Wilhelmshaven.

Verzeichnis der verwendeten Formelzeichen

A_1 Querschnitt der Turbinenanströmung vor dem Rotor

A_2 Querschnitt der Turbinenanströmung am Rotor

A_3 Querschnitt der Turbinenanströmung nach dem Rotor

A_R Rotorkreisfläche

dA_B Fläche eines Blattelements

a konstanter Faktor bezüglich Profildrehpunkt

a_a Abstand zwischen Auftriebskraftangriffspunkt und Blattdrehachse

a_p Blattachsenabstand zwischen Dreh- und Schwerkraftangriffspunkt

a_s Durchbiegung des Blattes in Schlag- und Schwenkrichtung

b Beschleunigung im Schwerpunkt des Rotorblattes

b' Beschleunigung des Rotorblattschwerpunktes im rotierenden Koordinatensystem

$b_{\omega A}$ Zentripetalbeschleunigung von ω_A herrührend

b_c Coriolisbeschleunigung des Rotorblattschwerpunktes

b_o Zentripetalbeschleunigung im Rotorkopf

b_R Zentripetalbeschleunigung von ω_R herrührend

b_s Biegebeschleunigung des Rotorblattes in Schlag- und Schwenkrichtung

b_{schlag} Blattdurchbiegung in **Schlag**richtung

$b_{schwenk}$ Blattdurchbiegung in **Schwenk**richtung

C $= C(k)$ Theodorsen-Funktion

c_t Torsionsmomentenbeiwert auf ein Viertel der Blattiefe bezogen

c_a Auftriebsbeiwert eines Blattprofils

c_m Drehmomentbeiwert der Turbine

c_p Leistungsbeiwert der Turbine

c_w Widerstandsbeiwert eines Blattprofils

$\cos\varphi$ Leistungsfaktor

$\cos\varphi_K$ Leistungsfaktor im **Kurzschluß**fall

d halbe Profiltiefe

d_m mittlerer Durchmesser eines Lagers

dF_A Auftriebskraft am Blattelement

dF_{AW} resultierende Kraft am Blattelement aus Auftriebs- und Widerstandsanteil

F_N Normalkraft

F_{Pr} Propellermoment erzeugende Kraft

F_Q Querkraft

F_{St} Stellkraft am Blatt

dF_W Widerstandskraft am Blattelement

F_Z Zentrifugalkraft

F_a axiale Lagerkraft

dF_{ax} axial wirkende Kraftkomponente am Blattelement

dF_t tangential wirkende Kraftkomponente am Blattelement

f_1 Netzfrequenz

f_G Generatorfrequenz

$f_{2\nu}$ Frequenz des Läuferstromes (der ν-ten Oberwelle) in Asynchronmaschinen

f_{L1} lagerart- und belastungsspezifischer Beiwert eines Lagers

g_{L1} Lastrichtungsfaktor eines Lagers

I_0 Leerlaufstrom in einem Maschinenstrang

I_1 Statorstrom

I'_2 Läuferstrangstrom auf die Statorseite bezogen

I_E Erregerstrom

I_{Fe} Eisenverluststrom in einem Maschinenstrang

I_{Stell} **Stell**strom für elektromotorische oder hydraulische Rotorblattverstellung

I_Z Strom einer **Z**usatzeinrichtung zur Blindstromlieferung

I_μ Magnetisierungsstrom in einem Maschinenstrang

$d\dot{J}_{ax}$ axialer Impulsverlust der Luftströmung

J_B Trägheitsmoment des **B**lattes bei Rotation um die Nabe

J_{Bl} Trägheitsmoment des Rotorblattes bei Drehung um seine **L**ängsachse

J_G Trägheitsmoment des **G**eneratorläufers

J_{LB} Trägheitsmomentenäquivalent infolge beschleunigter Luftmassen

J_R Trägheitsmoment aller rotierenden Massen

$d\dot{J}_t$ tangentiale Impulsänderung der Drallströmung

$k_{\ddot{A}}$ Faktor für die Änderungsgeschwindigkeit des Polradwinkels nach außer Tritt fallen

k_{DB} Beiwert für Struktur- und aerodynamische **D**ämpfung

k_{DK} **D**ämpfungsbeiwert des Triebstranges

k_{RL} **R**eibungsbeiwert für **L**agerreibung am **R**otorblatt bei Blattverstellung

k_{THD} Klirrfaktor (Total Harmonic Distortion)

k_{THD0} netzzustands- und netzkurzschlußleistungsabhängiger Ausgangswert des Klirrfaktors

k_{THD1} Steigungsfaktor des Klirrfaktors

k_{THD2} Streckungsfaktor des Klirrfaktors

k_{TS} Torsionssteifigkeit des Triebstranges

$k_{\ddot{U}}$ Faktor für die maximale Überhöhung des Generatormomentes

k_d charakteristische **D**ämpfung

k_t Verhältnis der Beschleunigungsmomente von Triebstranganteil zum gesamten Rotorsystem (M_{BT}/M_{BR})

M_A Antriebsmoment

M_{AG} Antriebsmoment am **G**enerator

M_{AM} Anlaufmoment eines **M**otors

M_{AT} Antriebsmoment des Triebstranges inkl. Verluste

M_{AV} inneres Drehmoment des Blattverstellantriebes

M_{AW} Antriebsmoment der Windturbine

162

M_{An}	äußeres Drehmoment des Blattverstellantriebes unter Berücksichtigung Feder- und Dämpfungseigenschaften
M_{Auf}	Torsionsmoment am Rotorblatt durch Auftriebskräfte
dM_{Auf}	Torsionsmoment am Blattelement durch Auftriebskräfte
M_{BG}	Beschleunigungsmoment am Generator
M_{Bl}	Rotorblatt-Torsionsmoment bei Drehung um Blattlängsachse
M_{Bieg}	Torsionsmoment am Rotorblatt infolge Durchbiegung
M_{BR}	Beschleunigungsmoment im Rotorsystem
M_{BT}	Beschleunigungsmoment am Triebstrang
M_{BW}	Beschleunigungsmoment an der Windturbine
M_{CZ}	Coriolismoment bezüglich der z-Achse
M_{D}	Dämpfungsmoment der Synchronmaschine
M_{K}	Kippmoment einer elektrischen Maschine
M_{Ku}	Kupplungsdrehmoment am Generator
M_{KD}	dynamisches Kippmoment
M_{KG}	Kippmoment des Generators
M_{KM}	Kippmoment eines Motors
M_{KS}	statisches Kippmoment
M_{KSmax}	statisches Kippmoment bei maximaler Erregung
M_{KSmin}	statisches Kippmoment bei Leerlauferregung
M_{L}	Moment bei Blattverstellung durch Beschleunigung von Luftmassen und durch Luftdämpfung
dM_{L}	Moment pro Spannweiteneinheit bei Blattverstellung durch Beschleunigung von Luftmassen und durch Luftdämpfung
M_{LB}	Moment bei Blattverstellung durch Beschleunigung von Luftmassen
M_{LD}	Moment bei Blattverstellung infolge Luftdämpfung
M_{N}	Nennmoment
M_{NG}	Nennmoment eines Generators
M_{NM}	Nennmoment eines Motors
M_{Pr}	Propellermoment
M_{Reib}	Reibmomente aller Blattlager bei Blattverstellung
M_{RL}	lastabhängiges Reibungsmoment eines Lagers
M_{RLk}	lastabhängiges Reibungsmoment des Lagers k
M_{S}	Sattelmoment
M_{SM}	Sattelmoment eines Motors (Asynchronmaschine)
M_{St}	Moment des Stellgliedes am Blatt
M_{T}	Rückstellmoment in Anströmrichtung am Blattprofil
M_{TD}	dämpfende Anteile des Triebstrangmomentes
M_{TT}	torsionselastische Anteile des Triebstrangmomentes
dM_{T}	Rückstellmoment in Anströmrichtung am Blattelement
M_{W}	Widerstandsmoment
M_{WG}	(elektrisches) Widerstandsmoment des Generators

M_{Kmax} maximales Kippmoment

M'_{Kmax} Höchstwert des pulsierenden Kurzschlußmomentes von Synchronmaschinen infolge transienter Ströme

M''_{Kmax} Höchstmoment von Synchronmaschinen infolge subtransienter Kurzschlußströme in der Dämpferwicklung

M_{max} maximales Moment

M_{Pend} Torsionsmoment am Blatt infolge **Pend**elbewegung des Rotors

M_s stationäres Drehmoment

m Strangzahl von Drehstromwicklungen

m_B Masse eines Rotorblattes

m_{dyn} $= M_{KD}/M_{KSmax}$ dynamischer Momenterhöhungsfaktor

n_1 Drehfeld- bzw. Synchrondrehzahl

n Drehzahl

n_A Anlagenanzahl

n_{AV} Drehzahl des Blattverstellantriebes

n_{KG} Kippdrehzahl eines Generators (Asynchronmaschine)

n_{KM} Kippdrehzahl eines Motors (Asynchronmaschine)

n_{NG} Nenndrehzahl eines Generators (Asynchronmaschine)

n_{NM} Nenndrehzahl eines Motors (Asynchronmaschine)

n_ν Drehzahl des Oberwellenfeldes der Ordnungszahl ν

P_E Leistung der Erzeuger im Netz

P_{el} elektrische Abgabeleistung des Generators

P_L Leistung der Last im Netz

P_{LO} äquivalent statische Belastung eines Lagers

P_{mech} mechanische Aufnahmeleistung des Generators

P_N Nennleistung

P_O Leistung der bewegten Luftmasse

P_W Windturbinenleistung

P_{Wmax} maximaler Windturbinenleistungswert

R_a Außenradius des Rotorblattes

R_i Innenradius des Rotorblattes

R_1 Statorwiderstand eines Maschinenstranges

R'_2 Läuferwiderstand eines Asynchronmaschinenstranges auf die Statorseite transformiert

r Radius eines Blattelementes

r_o Drehpunktabstand zwischen Richtungsnachführung und Rotorblättern

r' Radius des Rotorblattschwerpunktes

S_p Schwerpunkt

s Schlupf (einer Asynchronmaschine)

s_K Kippschlupf (einer Asynchronmaschine)

s_N Nennschlupf (einer Asynchronmaschine)

s_ν Schlupf der ν-ten Oberwelle (einer Asynchronmaschine)

164

T_D	Zeitkonstante der Dämpfung der Drehmomentenschwingung
T_E	Zeitkonstante des Erregerkreises
T_G	Hochlaufzeitkonstante des Generators
T_R	Hochlaufzeitkonstante des Rotorsystems
T_V	Zeitkonstante für das abklingende dynamische Kippmoment auf seinen stationären Wert
T_W	Hochlaufzeitkonstante der Windturbine
T_n	$= 1/\omega_0$ Zeitkonstante des Drehzahlintegrators
T_ϵ	$= p/\omega_0$ Zeitkonstante des Integrators zur Bestimmung des Torsionswinkels (generatorseitig)
t	Zeit
t_B	Blattiefe
U_1	Netzspannung
U_i	induzierte Maschinenspannung
U_p	Polradspannung einer Synchronmaschine
V_L	Luftvolumenelement
v	Windgeschwindigkeit
v_1	ungestörte Windgeschwindigkeit weit vor dem Windrad
v_2	Windgeschwindigkeit am Windrad
v_3	verzögerte Windgeschwindigkeit weit hinter dem Windrad
v_0	Drehgeschwindigkeit des Rotorkopfes
v_r	resultierende Windgeschwindigkeit
v_u	Umfangsgeschwindigkeit
W_W	Energieentzug durch die Windturbine
$X_{1\sigma}$	Streureaktanz eines Statorstranges
$X'_{2\sigma}$	Streureaktanz eines Läuferstranges auf den Stator bezogen
X_d	synchrone Längsreaktanz einer Synchronmaschine
X_G	Streureaktanz von Stator und Läufer einer Asynchronmaschine
X_h	Hauptreaktanz eines Maschinenstranges
X_q	synchrone Querreaktanz einer Synchronmaschine
X'_d	transiente Reaktanz einer Synchronmaschine
X''_d	subtransiente Reaktanz einer Synchronmaschine
z	Anzahl der Rotorblätter
α	örtliche Profilanströmung am Rotorblatt
β	Rotorblatteinstellwinkel
$\dot{\beta}$	Verstellgeschwindigkeit des Rotorblattes
$\ddot{\beta}$	Verstellbeschleunigung des Rotorblattes
γ	Konuswinkel
δ	Winkel zwischen Rotationsebene und resultierender Anströmgeschwindigkeit der Luft

ϵ_G	Drehwinkel des Generatorläufers
ϵ_W	Drehwinkel der Windturbine
$\dot{\epsilon}_G$	Winkelgeschwindigkeit des Generatorläufers
$\dot{\epsilon}_W$	Winkelgeschwindigkeit des Windrades
$\Delta\epsilon$	Torsionswinkel
ϑ	Polradwinkel (el.) einer Synchronmaschine
ϑ	Winkel (mech.) zwischen Rotationsebene und Profilsehne
$\vartheta_{0,7}$	Winkel zwischen Rotationsebene und Profilsehne am Rotorblatt beim 0,7-fachen Radius
ϑ_B	Winkel zwischen $\vartheta_{0,7}$ und der Profilstellung des Rotorblattes
λ	Lastwinkel (el.) bei Ansynchronmaschinen zwischen fester Netz- und lastabhängiger Schlupfspannung
λ	Schnellaufzahl (mech.) der Rotorblattspitzengeschwindigkeit zur Windgeschwindigkeit
λ_N	Schnellaufzahl im Nennbetriebszustand
ν	Ordnungszahl von Oberschwingungen
ρ	Luftdichte
ψ	Stellung des Rotors zum Turm
ψ_{Bl}	Rotorblattstellung zum Turm
ω	resultierende Winkelgeschwindigkeit aus der Azimutnachführung und der Windradrotation
ω_A	Winkelgeschwindigkeit bei Nachführung des Azimutwinkels
ω_G	Winkelgeschwindigkeit des Generatorläufers
ω_N	Nennwinkelgeschwindigkeit
ω_R	Winkelgeschwindigkeit des Windrades (vektorielle Größe)
ω_W	Winkelgeschwindigkeit des Windrades
ω_0	stationäre Netz- (Kreis-) frequenz

Sachverzeichnis

Gasch (Hrsg.)
Windkraftanlagen

Grundlagen und Entwurf

Schon nach kurzer Zeit wurde wegen des großen Interesses eine Neuauflage notwendig. Auch die 2. Auflage wendet sich in bewährter Weise an Studierende und Ingenieure in der Praxis, die sich mit den Grundlagen und den Entwurfsmethoden für den Bau von Windkraftanlagen vertraut machen möchten.

Nach einem historischen Überblick werden das Windangebot und seine Ermittelung durch Windklassierer dargestellt, da es für die Standortbestimmung entscheidend ist.

Es folgen die Auslegungsmethoden nach Betz und Schmitz (Drallberücksichtigung), die in einfacher Weise die Flügelgeometrien zu finden erlauben.

Anschließend wird die Kennfeldberechnung und das Teillastverhalten von Windturbinen dargestellt.

Zwei umfangreiche Kapitel sind den Hauptnutzungsfeldern heutiger Windturbinen gewidmet: den Anlagen zur Stromerzeugung und den Windpumpsystemen.

Weitere Kapitel über Baureihenentwicklung mit Hilfe der Ähnlichkeitstheorie, über Fragen der Strukturbelastung, der Dynamik, sowie Probleme der Steuerung und Regelung von Windkraftanlagen runden das Buch ab.

Herausgegeben von
Prof. Dr.-Ing.
Robert Gasch
Technische Universität
Berlin

Verfasser:
Dr.-Ing. **P. Bade**
Dipl.-Ing. **W. Conrad**
Prof. Dr.-Ing. **R. Gasch**
Dipl.-Ing. **E. Holstein**
Dipl.-Ing. **K. Kaiser**
Dipl.-Ing. **R. Kortenkamp**
Dr.-Ing. **J. Maurer**
Dr.-Ing. **M. Person**
Dipl.-Ing. **A. Reuter**
Dipl.-Ing. **M. Schubert**
Dr. rer. nat. **A. Stoffel**
Dipl.-Ing. **B. Sundermann**
Dr.-Ing. **J. Twele**
Dipl.-Ing. **V. Zimmer**

2., überarbeitete Auflage.
1993. XIII, 371 Seiten.
16,2 x 22,9 cm.
Kart. DM 52,–
ÖS 406,– / SFr 52,–
ISBN 3-519-16334-9

Preisänderungen vorbehalten.

B. G. Teubner Stuttgart